PRINCIPIOS BÁSICOS DE
BROMATOLOGÍA
PARA ESTUDIANTES
DE NUTRICIÓN

Alma Rosa Del Angel Meza
Leticia Interián Gómez
Rosa María Esparza Merino

Número de Control de la Biblioteca del Congreso de EE. UU.:		2013912152
ISBN:	Tapa Dura	978-1-4633-6134-1
	Tapa Blanda	978-1-4633-6136-5
	Libro Electrónico	978-1-4633-6135-8

Este libro fue impreso en los Estados Unidos de América.

Fecha de revisión: 18/07/2013

Para realizar pedidos de este libro, contacte con:
Palibrio LLC
1663 Liberty Drive
Suite 200
Bloomington, IN 47403
Gratis desde EE. UU. al 877.407.5847
Gratis desde México al 01.800.288.2243
Gratis desde España al 900.866.949
Desde otro país al +1.812.671.9757
Fax: 01.812.355.1576
ventas@palibrio.com
484851

CONTENIDO

Índice de Figuras

Índice de Tablas

Parte I

Importancia de la bromatología en el estudio de la nutrición

Principios básicos de bromatología para estudiantes de nutrición

INTRODUCCIÓN

La importancia de la bromatología en el estudio de la nutrición

Bromatología y Nutrición, dos conceptos íntimamente ligados, ya que el primero se centra en el estudio de los alimentos desde diversos puntos de vista: composición químico-estructural, alteraciones, conservación, características higiénico-sanitarias, hasta la fabricación de nuevos productos y la legislación correspondiente, con objeto de que los alimentos tengan la calidad suficiente para aportar nutrimentos y ser agradables al consumidor. Mientras que el segundo, se centra en el estudio de las necesidades del aporte de nutrimentos a través de la alimentación al organismo, y de esta manera, fija los requerimientos de los mismos, para que el individuo mantenga su correcto funcionamiento

El análisis químico de los alimentos como parte de la bromatología

Bromatología, se considera como la parte de la ciencia de los alimentos, que estudia tanto los contenidos nutricios de éstos, como su composición químico-estructural, función, características higiénico-sanitarias, calidad, conservación, hasta llegar a la legislación que emite la normatividad que regula la calidad de los alimentos para el consumo.

Responde a un cúmulo de conocimientos sistematizados acerca de la naturaleza y composición química de los alimentos, su inocuidad y el comportamiento de éstos bajo diversas condiciones relacionadas con los procesos a los que son sometidos para su obtención desde el punto de vista de:

1. Cultivo y cosecha.
2. Manipulación de materias primas que involucra los procesos culinarios y Tecnológicos.
3. Procedimientos de conservación relacionados con:
    a. Tiempo de vida de anaquel
    b. Distribución
    c. Comercialización
    d. Consumo

La bromatología incluye diferentes disciplinas relacionadas con los alimentos como son, tecnología de alimentos, higiene y toxicología, antropología de la alimentación y legislación alimentaria entre otras, igualmente procura, que los alimentos conserven sus propiedades:

a) NUTRICIONALES, aquellas relacionadas con la capacidad del alimento para aportar los nutrimentos necesarios para que el organismo desempeñe sus procesos vitales.
b) ORGANOLÉPTICAS, las cualidades que al margen del valor nutritivo presentan los compuestos químicos para desempeñar funciones sensoriales.
c) DE ESTABILIDAD, capacidad de resistencia a los procesos de transformación conservando sus características intrínsecas.
d) NUTRACÉUTICAS O FUNCIONALES, las cualidades de ciertas sustancias para aportar beneficios extra a la salud humana.

Desde este contexto la bromatología se encarga entre otras cosas, de los métodos de análisis para cuantificar de acuerdo a sus características químicas, a los elementos constituyentes de los alimentos como son: agua, proteínas, grasas, hidratos de carbono, minerales así como algunos de los elementos que se adicionan en su elaboración entre ellos, vitaminas, aditivos, conservadores, colorantes y antioxidantes, a fin de cuidar el contenido nutrimental, grado de toxicidad e inocuidad de los alimentos, en cumplimiento a la normatividad vigente, a fin de integrarlos a las dietas que caracterizan los hábitos alimentarios de la población.

Entre las instituciones encargadas de revisar y emitir metodologías o normas para el análisis de los alimentos se encuentran, la Organización para la Alimentación y la Agricultura (FAO) y la Organización Mundial de la Salud (OMS) quienes emiten el Código Alimentario (*Codex Alimentarius*), en el cual se encuentran las principales normas para los distintos grupos de alimentos. En México la Secretaria de Economía en conjunto con la Secretaría de Salud, publican las Normas Mexicanas (NOM´s y NMX´s) encargadas de regular los diversos productos alimenticios. Otros organismos encargados en estandarizar métodos de análisis de alimentos son: Association of Official Analytical Chemists (AOAC), International Organization for Standardization (ISO), International Union for Pure and Applied Chemistry (IUPAC), cuyas técnicas son aceptadas internacionalmente.

En los capítulos siguientes, se presentarán diversas técnicas de laboratorio para el análisis de los productos alimenticios, mismas que están estandarizas por organismos nacionales e internacionales y adecuadas a las condiciones de un laboratorio de ciencias de los alimentos que cuente con los elementos básicos para realizar análisis gravimétricos y volumétricos.

Análisis químico proximal

La composición química de un alimento, se obtiene a partir del uso de técnicas fisicoquímicas bien establecidas, fáciles de realizar y en su mayoría, automatizadas. Se aplican particularmente para los componentes mayoritarios del alimento, a saber: agua, proteínas, grasas, cenizas y azúcares, tanto digeribles como indigeribles que conforman el potencial nutricio del alimento.

El conocido análisis proximal, se reporta en gramos por 100 gramos (g /100 g de alimento) de porción comestible del alimento, los contenidos de humedad, cenizas, proteínas, grasas y fibra cruda y la cantidad faltante para ajustar el porcentaje, la manifiesta como extracto libre de nitrógeno (ELN), en esta cantidad quedarían incluidos los hidratos de carbono disponibles, vitaminas y demás componentes del alimento.

Sin embargo, cada vez se hace más necesario ser más específicos en la determinación de los componentes mayoritarios del alimento, como son: aminoácidos, tipos de ácidos grasos, azúcares y fibra o elementos adicionados en la preparación de alimentos elaborados, con el fin de que las técnicas químicas analíticas, informen sobre la eficacia nutricional del alimento.

Información general sobre los métodos

Humedad: Se considera al contenido natural de agua de los alimentos y de acuerdo al producto se utilizan generalmente los métodos oficiales establecidos por el A.O.A.C. por desecación a 105°C, ó a presión reducida, a otra temperatura.

Proteínas: Se determina como nitrógeno total por el método de Micro-Kjeldahl. El factor de conversión empleado con más frecuencia fue 6.25. En algunos casos se pueden utilizar las referencias internacionales al respecto.

Grasas: Corresponde, en general, a los componentes liposolubles del alimento que se caracterizan por no ser solubles en agua y que se extraen de acuerdo a los métodos oficiales del A.O.A.C. aplicando solventes orgánicos directamente o, previa hidrólisis ácida o alcalina.

Hidratos de carbono: Se determinan como azúcares reductores totales o directos de acuerdo a los métodos oficiales del A.O.A.C. generalmente utilizando el reactivo de Fehling.

Fibra cruda o residuo celulósico: Se refiere a la porción del alimento que resiste a la hidrólisis ácida y alcalina de acuerdo a la metodología descrita en A. O. A. C.

Fibra dietética: Corresponde a la fracción insoluble de un alimento luego de un tratamiento multienzimático.

Cenizas: Con este término se indica la materia mineral que contiene el alimento, después de la destrucción de toda materia orgánica por calcinación, generalmente a 500 - 550° C.

Calcio: Se determina por el método permanganométrico

Extracto libre de nitrógeno (ELN): Se expresa bajo este nombre a los componentes del alimento que corresponden a los glúcidos o hidratos de carbono y otros compuestos relacionados, como pectinas, gomas, etc. que se calculan por diferencia, entre 100 g. de la suma de los porcentajes de humedad, proteínas, grasas, fibra cruda y cenizas.

Calorías totales: Se aplican los factores 4, 9 y 4 Kcal / gramo proteínas totales, grasas y azúcares reductores y/o ELN. Se expresan en kilocalorías por 100 g de producto comestible. Para convertir kilocalorías a kilojoule multiplicar por 4.184.

Principios básicos de bromatología para estudiantes de nutrición

CAPÍTULO 1

Seguridad en el laboratorio

Los laboratorios son espacios o áreas especializadas para desarrollar trabajo que involucra el uso de materiales peligrosos (corrosivos, radiactivos, cancerígenos etc.) que presentan un riesgo para el trabajador.

Este hecho es razón más que suficiente para tener especial cuidado en su diseño de manera que los procesos se desarrollen en forma sencilla y continua con especial cuidado en las áreas básicas para el trabajo del laboratorio, su equipamiento y sistemas de seguridad entre los que se encuentran, ventilación, aire acondicionado, contactos eléctricos, salidas de gas, aire, vacío, regaderas, filtros, extractores entre otros. El objetivo es desarrollarlos con el mínimo grado de complejidad ya que ésta es proporcional a los costos por mantenimiento.

El área construida deberá ser considerada como un organismo en constante cambio, al igual que el equipo humano y proyectos a desarrollar de tal manera que anticipe modificaciones en los procesos, equipamiento, almacenamiento de reactivos y materiales de laboratorio, aunque esto es difícil de lograr, se aconseja discutir con los constructores:

a) A que debe responder el proyecto del laboratorio
b) Las operaciones propuestas (tipo de proyectos)
c) La identificación del equipo (humano y material)
d) Las ventajas y desventajas de la distribución (luz, ruido, etc.)
e) La identificación dentro del proceso de los pasos más peligrosos y los de manejo más usual.
f) Los probables cambios inducidos por el uso de nueva tecnología.

1.1 Accidentes inducidos por el mal manejo de los materiales

El laboratorio, como espacio de trabajo que involucra el uso de materiales peligrosos, debe considerar los posibles accidentes inducidos por el mal manejo de los materiales que ahí se trabajan y la manera de evitarlos.

1.1.1 Incendio ó explosión por el uso de solventes flamables

I.   Guardar los solventes en espacios frescos y bien ventilados, a prueba de fuego, cercano a extinguidores de gas carbónico y alejado de cualquier llama directa ó chispa eléctrica.

II.   Antes de abrir un frasco, verificar que no se encuentre un mechero prendido en al menos 2 metros a la redonda.

III.   Evitar el uso de solventes en espacios cerrados donde se acumulen los vapores.

IV.   De ser necesario el calentamiento de solventes, hacerlo en baño maría, nunca sobre el mechero y arrastrar los vapores en una campana de extracción.

V.   En caso de que se inicie un incendio, cubrir el recipiente con uno mayor para ahogar el fuego; de ser de mayores consideraciones, usar paños mojados y/ó el extinguidor y avisar al departamento de incendios de la institución.

VI.   En caso de incendio se deben seguir estos sencillos pasos:

1.   Dar aviso a tu maestro, encargado del laboratorio y a tus compañeros. Se debe conservar la calma y actuar con rapidez.

2.   Accionar la alarma de incendio (si existe).

3.   Retirar los productos flamables cercanos y cerrar las llaves de gas.

4.   Si el fuego es pequeño se puede utilizar un extintor apropiado, o bien, se puede cubrir con un recipiente que lo ahogue. Es importante nunca utilizar agua para extinguir un fuego provocado por la inflamación de un disolvente.

5.   Si el fuego se propaga rápidamente y no se puede controlar: avisar de inmediato a los bomberos y evacuar rápidamente el área.

6.   Al evacuar, apague los equipos eléctricos, cierre llaves de gas y ventanas.

7. No corra, camine rápido cerrando puertas a su paso. No lleve objetos que puedan entorpecer su salida.
8. No vuelva a entrar en el área siniestrada, deje que los equipos especializados se encarguen.
9. Si se incendia la ropa, pedir ayuda, tirarse al suelo y rodar. No se debe correr ni usar extintor. Una vez que el fuego se haya extinguido mantener a la persona tirada y arropada, no se debe intentar despegar trozos de ropa adheridos a la piel abrasada. Llamar inmediatamente a un médico.

1.1.2 Reactivos venenosos, corrosivos y cáusticos.

Cada reactivo debe estar identificado adecuadamente mediante etiquetas normalizadas, las cuáles deben contener: nombre comercial y común del producto, formula química condensada, número de lote y peligrosidad. Las sustancias químicas se clasifican y se reconocen por medio de colores de acuerdo a su peligrosidad (Tabla 1.1).

TABLA 1.1 Identificación de reactivos y su nivel de peligrosidad

COLOR DE LA ETIQUETA	NIVEL DE PELIGRO
Roja	Flamabilidad
Amarilla	Reactividad
Blanca	Riesgos especiales /Equipo de protección personal
Azul	Salud
Verde	Sin problemas

Otra escala que es útil en la clasificación del riesgo de los reactivos es el denominado diamante o rombo de la Agencia Nacional de Protección del Fuego de los Estados Unidos, (NFPA, por sus siglas en inglés). En la figura 1 se presenta este rombo, el cual se ha seccionado en cuatro partes de distintos colores, indicando los riesgos de peligrosidad de la sustancia química que se va a clasificar.

FIGURA 1.1 Rombo o diamante de riesgo de los reactivos.

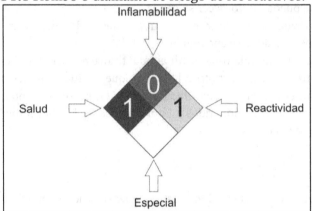

Así el color rojo indica los riesgos de flamabilidad, el azul si existen riesgos a la salud, el amarillo la inestabilidad del reactivo y el blanco indica información especial para ciertos productos, como oxidante, corrosivo, reactivo con agua o radiactivo.

Dentro de cada recuadro se indican los niveles de peligrosidad, los cuales son identificados con una escala numérica (del cero al cuatro), donde el número menor significa el riesgo mínimo, mientras que el número mayor indica el mayor riesgo.

Es importante que tanto el personal de laboratorio, como los estudiantes conozcan este tipo de información, con el objetivo de que al momento de trabajar con ciertas sustancias químicas sepan manipularlas, así como saber cómo actuar en caso de accidente.

Por todo lo anterior, es necesario seguir unas sencillas reglas al momento de trabajar en el laboratorio:

a) Cuidar de revisar las etiquetas de los reactivos y corroborar su grado de toxicidad.
b) No utilizar reactivos sin que estén debidamente etiquetados.
c) Lavarse las manos antes y después del uso de reactivos.

d) Ácidos minerales fuertes (sulfúrico, clorhídrico, nítrico y perclórico) y bases fuertes (sosa, potasa, hidróxido de amonio) trabajarlos siempre en una campana de extracción. No se deben pipetear con la boca directamente, emplear bombas de plástico ó pipeteadores automáticos.

e) Al preparar soluciones ácidas o básicas, se debe cuidar de que estas sustancias se añadan muy lentamente e invariablemente sobre el agua, de preferencia con una fuente de frío y el uso de frascos de vidrio resistente a los cambios de temperatura.

Limpiar cuidadosamente cualquier derrame de líquido con el empleo de una mezcla de arena y cal en proporción 1:1, recoger la arena en un contenedor con una escobilla y colocarlos en el almacén de desechos peligrosos, proceder entonces a limpiar con detergentes.

1.1.3 Derrames de reactivos químicos sobre la piel

En caso de sufrir derrames de reactivos químicos sobre la piel, aplicar las siguientes medidas.

1. Secar la zona afectada y lavarla con agua abundante durante 15 minutos. Si la herida es grande utilizar la regadera, pero si es pequeña emplear la tarja.
2. Si el producto derramado es un ácido, cortar lo más rápidamente posible la ropa. Lavar con agua corriente abundante la zona afectada. Neutralizar la acidez aplicando una solución saturada o pasta de bicarbonato de sodio durante 15 – 20 minutos. Secar el exceso de pasta formada y cubrir la parte afectada.
3. Si el producto derramado es un álcali, lavar la zona afectada con agua corriente abundante y aclararla con una disolución saturada de ácido bórico o con una disolución de ácido acético al 4%. Secar y cubrir la herida con una pomada de ácido tánico.
4. Las quemaduras con Fenol, se lavan con agua abundante, lo que quede del fenol se retira con glicerina o etanol (no utilizar agentes grasos).
5. Las quemaduras con bromo, se lavan con agua abundante, se tratan con una solución saturada de tiosulfato de sodio, se enjuagan para proceder a poner un aceite suavizante.
6. Quitar la ropa contaminada rápidamente bajo el agua.

Ahora bien si ocurrió una salpicadura de productos químicos en los ojos hay que hacer lo siguiente:

1. Lavar rápidamente con una ducha lavaojos, durante 15 minutos.
2. Mantener los párpados abiertos y sujetos con los dedos.
3. Si la salpicadura fue con un ácido, lavar con una solución al 1% de carbonato de sodio.
4. Si la salpicadura fue con un álcali, lavar con una solución al 1% de ácido bórico.
5. Llamar a un médico.

En caso de ingestión de algún tipo de reactivo:

1. Pedir asistencia médica.
2. Si está inconsciente: ponerlo de medio lado, con la cabeza ladeada.
3. Si está consciente: taparlo y acompañarlo.
4. No darle nada a beber sin conocer la sustancia que ha ingerido.
5. No provocar el vómito si la sustancia ingerida es corrosiva.
6. Si la sustancia ingerida es un ácido, enjuagar la boca con abundante agua
7. Si la sustancia ingerida es un álcali, enjuagar con agua abundante, tomar agua con jugo de limón o solución saturada de ácido cítrico y finalmente leche.
8. Para los metales pesados, tomar clara de huevo o leche.
9. Para las sales de mercurio, tomar un emético (1 cucharada de mostaza en agua tibia, solución de sulfato de zinc tibia, 2 cucharadas en un vaso de agua tibia de bicarbonato de sodio o cloruro de sodio).
10. En caso de desconocimiento del producto ingerido, administrar 15g del antídoto universal en medio vaso de agua tibia (2 cucharadas de Carbón activado, 1 cucharada de Leche de magnesia, 1 cucharada de Ácido Tánico).

Precauciones: Nunca dar aceites, grasas o algunas bebidas alcohólicas a menos que sea especificado por el médico.

1.1.4 Inhalación de productos químicos

Si la persona inhaló productos químicos, se debe realizar lo siguiente:

1. Tratar de identificar el material tóxico. Si es cloro, ácido sulfúrico, ácido cianhídrico, fosfógeno u otro gas, utilizar la mascarilla apropiada en el área contaminada ó aguantar al máximo la respiración en el área contaminada, hasta llegar a una zona al aire libre.
2. Llamar a la asistencia médica inmediatamente.
3. Trasladar al accidentado a una zona de aire libre.
4. A la primera señal de dificultad para respirar, iniciar respiración artificial boca a boca; el oxígeno solo debe ser administrado por personal calificado. Continuar con la respiración asistida hasta la llegada del cuerpo médico de ayuda.

1.1.5 Quemaduras y escaldaduras, incluyendo choques eléctricos.

- Corroborar que las conexiones sean adecuadas al voltaje requerido.
- No manejar equipo con las manos mojadas.
- Cuidar el manejo de líquidos en la cercanía del equipo electrónico para evitar derrames.
- No se debe de sobrecargar los circuitos eléctricos.
- Al hacer revisiones y reparaciones, el equipo deberá estar desconectado.

En caso de haber sufrido en el laboratorio alguna quemadura pequeña se deben seguir las siguientes indicaciones:

1. Si el accidente fue producido por un material caliente (baños, placas de calentamiento, etc.), se debe lavar la zona afectada con agua fría y hielo durante 10 a 15 minutos.
2. Las quemaduras graves deben atenderse inmediatamente. Además es importante no utilizar cremas ni pomadas en dichas laceraciones.
3. Las duchas y lavaojos estarán señalizadas, así como libres de obstáculos.
4. Si la quemadura fue por ácidos o álcalis, cortar la ropa y aplicar lo que se indicó anteriormente. Lavar con agua abundante.

En caso de haber sufrido choques eléctricos se debe actuar de la manera siguiente:

1. Desconectar rápidamente la corriente eléctrica.
2. Evitar el contacto piel con piel con el accidentado.
3. Avisar de inmediato al servicio médico.

1.1.6 Laceraciones por vidriería rota

a) Guardar el material de vidrio en alacenas sin llenar demasiado los espacios tan solo el 70% del mismo.
b) Cuidar que los tubos de vidrio, no estén hendidos ó con fisuras antes del lavado ó su uso en centrífugas.
c) En caso de usar tapones o conexiones, humedecerlos para que embonen bien, de ser tapones de vidrio, utilizar calor y pinzas de extracción de tapones.
d) No usar demasiada fuerza con el vidrio.

En caso de cortes en la piel, se debe lavar con agua corriente, durante 10 minutos. Observar y eliminar la existencia de fragmentos de cristal.

Es requisito indispensable estar en comunicación directa con un centro hospitalario para cualquier caso de accidentes, mordeduras de animales, infecciones, intoxicaciones y peligros ocasionados por el uso de elementos radiactivos.

Los usuarios del laboratorio, deberán contar con un servicio médico y dejar sus datos para cualquier emergencia.

1.2 Reglamento del laboratorio de Ciencias de los Alimentos

Este reglamento debe ser respetado por las personas que trabajen dentro el laboratorio.

1. Entregar al encargado del laboratorio, una copia de su número de seguridad social o de su seguro médico vigente.
2. Lavarse perfectamente las manos con abundante agua y jabón al ingresar al laboratorio, y al terminar el trabajo.
3. Utilizar los equipos de protección individual necesarios en cada caso (bata, lentes, guantes, mascarilla, zapato cerrado antiderrapante y sin tacón entre otros.).
4. Sólo podrán hacer uso del equipo, así como de los reactivos químicos, las personas debidamente capacitadas.
5. No utilizar ningún reactivo que no se encuentre debidamente etiquetado.
6. Atender a la señalización tanto del área de trabajo como de los reactivos que se utilicen.
7. Nunca emplear una pipeta directamente con la boca, sino a través de un sistema de aspiración (pipeteadores apropiados).
8. Evitar aspirar o probar el contenido de un recipiente para identificarlo.
9. En ningún caso, se deben recoger productos derramados sin información previa del responsable del laboratorio sobre sus riesgos y medidas de protección requeridas.
10. No toque su piel mientras este en contacto con los reactivos.
11. Cualquier reactivo que se utilice, deberá ser regresado a su lugar de almacenamiento.
12. No utilizar nunca un aparato sin conocer perfectamente su funcionamiento.
13. Evitar al máximo dejar los cables conductores en el piso, especialmente en pasillos, en contacto con el agua, aceite y/o grasas que deterioren el aislante.
14. Evitar dejar sus útiles en el piso o en las mesas de trabajo, colocarlos en los espacios adecuados.
15. Evitar el uso de lentes de contacto a pesar de usar gafas protectoras, para evitar que los gases y vapores se concentren bajo ellos y que se adhieran a los ojos, provocando un daño permanente.
16. No se permitirá comer, beber, fumar o maquillarse dentro del laboratorio.

17. Prohibido jugar en el laboratorio y con el equipo de trabajo.
18. Es responsabilidad de los usuarios el aseo y el orden de su material y área de trabajo.
19. Al finalizar la práctica, asegúrese de cerrar las válvulas de paso de tanques, recipientes o tuberías (aire, agua, gas, entre otros.).
20. Mantener el equipo en buen estado, mismo que debe revisarse periódicamente por el personal autorizado.
21. El alumno está obligado a conocer las propiedades fisicoquímicas y los riesgos inherentes de las sustancias que maneje y a respetar este reglamento.
22. Evitar en lo posible las visitas, y las distracciones en el área de trabajo.
23. Toda anomalía que ponga en riesgo la seguridad de alumnos, personal y equipo, reportarla al (los) encargado(s) del laboratorio.

Principios básicos de bromatología para estudiantes de nutrición

Parte II

Las matemáticas y la química en el análisis de alimentos

Principios básicos de bromatología para estudiantes de nutrición

CAPÍTULO 2

Análisis químico cuantitativo en alimentos

Cuantificar los componentes químicos de los alimentos, tanto en su estado natural como procesado, proporciona lo que se conoce como su valor nutricional. Mientras que, las propiedades sensoriales como apariencia, olor, gusto, textura, olor y sonido se relacionan con la aceptación final del producto.

El objetivo de la aplicación de las diversas técnicas de análisis de alimentos, es controlar la calidad de los mismos, entendiendo con este término, al conjunto de características intrínsecas del producto que le confieren una aptitud para el uso al que está destinado, satisfaciendo al mismo tiempo las expectativas del consumidor.

En la actualidad existen técnicas para el análisis de los productos alimenticios, las cuales están ya estandarizas por algún organismo nacional o internacional, que pueden ser aplicadas en las diferentes etapas por las que atraviesa un alimento, desde su producción, procesamiento, almacenamiento hasta su distribución.

Es así que el análisis químico básico, involucra la medición del contenido de humedad, cenizas, proteínas, extracto etéreo y fibra cruda.

Sin embargo el crecimiento en la cantidad de alimentos procesados industrialmente para su consumo, ha incrementado el número de técnicas a desarrollar para asegurar la calidad del alimento.

Lograr la correcta interpretación de los resultados obtenidos del análisis exige experiencia y conocimiento de los procesos de elaboración que se encuentran fundamentados en los principios de la química general y las matemáticas

2.1 Las matemáticas y la química como herramientas en el análisis de alimentos

Con el objeto de que este libro pueda ser consultado por personas no especialistas en el área de ciencias básicas, a continuación se proporciona al lector un breve resumen de algunos de los conceptos de Matemáticas y de Química, que son herramientas necesarias para el trabajo dentro de un laboratorio en ciencias de los alimentos.

2.1.1 Factores de conversión

Un factor de conversión es una fracción, de valor 1, en la que el numerador y el denominador son medidas equivalentes expresadas en unidades distintas. Uno de los usos más frecuentes de factores de conversión es el del cambio de unidades. Así se tiene que:

$$1g = 1000 \text{ mg} \quad (\text{ecuación 1})$$

Si se dividen ambos lados de la ecuación 1 entre 1000 mg el resultado proporciona un cociente igual a la unidad.

$$\frac{1 \text{ g}}{1000 \text{ mg}} = \frac{1000 \text{ mg}}{1000 \text{mg}}$$

$$\frac{1 \text{ g}}{1000 \text{ mg}} = 1 \text{ (Factor de conversión)}$$

De igual manera, si se divide la ecuación 1 entre 1 g, el resultado es igual a:

$$\frac{1000 \text{ mg}}{1000 \text{ mg}} = 1 \text{ (Factor de conversión)}$$

Estas operaciones proporcionan dos factores de conversión.

Estas expresiones matemáticas, permiten realizar conversiones entre unidades equivalentes. Así, para expresar 50 miligramos en gramos, se realiza de la siguiente manera:

$$50 \text{ mg} \quad X \quad \frac{1 \text{ g}}{1000 \text{ mg}} = \frac{50 \text{ mg}}{1000 \text{ mg}} \quad X \quad 1 \text{ g} \quad = \quad 0.05 \text{ g}$$

Se puede observar que al momento de realizar las operaciones, los miligramos se eliminan mutuamente para al final sólo queden los gramos. Además esto quiere decir que 50 miligramos equivalen a 0.05g.

2.2 Conceptos básicos de química general

2.2.1 Pesos atómicos, moles y pesos moleculares
Peso atómico
El peso atómico se define como el número que refleja el peso relativo de un átomo medio de algún elemento; se basa en el peso atómico de un isótopo de carbono[12] que se considera tiene el valor exacto de 12. Por ejemplo: como el peso atómico del azufre es de aproximadamente 32 y el de helio es alrededor de 4, por lo tanto, un átomo de azufre pesa aproximadamente ocho veces más que un átomo de helio.

Mol
Químicamente la palabra "mol" se refiere a un número específico de partículas ó a un peso específico en gramos:

- 1 mol de átomos de Hierro (Fe) = 6.023×10^{23} átomos de Fe, o bien,
- 1 mol de Fe = 55.85 g. (peso atómico ó peso formula gramo de una sustancia)

El mol puede emplearse para cualquier sustancia independientemente de su estructura siempre y cuando se conozca su fórmula, así por ejemplo:

- 1 mol de moléculas de CO_2 = 6.023×10^{23} moléculas de CO_2.
- 1 mol de CO_2 = 12+ 2(16) = 44g. (peso formular gramo de CO_2)

Es así que el mol es igual al peso atómico ó molecular expresado en gramos.

Moléculas

La molécula, unidad estructural fundamental de casi todas las sustancias volátiles tanto elementales como compuestas, es un conjunto de átomos unidos por fuerzas relativamente potentes llamados enlaces químicos.

En contraste, las fuerzas entre las moléculas son relativamente débiles. Por lo que las moléculas no actúan fuertemente entre sí, sino que se comportan más o menos como partículas independientes.

Iones

Si se dispone de energía suficiente, es posible eliminar uno ó más electrones de un átomo neutro, dejando una partícula de carga positiva que es algo menor que el átomo original y se denomina "Catión", Ej. El ion de Na^+ formado partiendo de un átomo de sodio y por la pérdida de un solo electrón y el ion de Ca^{++} derivado de un átomo de calcio mediante la extracción de 2 electrones.

Pueden agregarse alternativamente electrones a ciertos átomos para formar especies de carga negativa que son algo mayores que el átomo del que se derivan y se denominan "Aniones", Ej. Los iones de cloruro Cl^- y oxígeno $O^=$, formados cuando los átomos de cloro y oxígeno respectivamente adquieren electrones extra.

Soluciones

Una solución se define como una mezcla homogénea de dos o más sustancias distribuidas en un patrón más o menos al azar.

Las soluciones pueden existir en cualquiera de los estados de la materia:

a) gas disuelto en gas como el aire
b) líquido disuelto en líquido como el ácido sulfúrico en agua
c) sólida como el oro de 12 kilates, el cuál es una solución a partes iguales de oro y plata líquida.

Las soluciones se subdividen de acuerdo a los estados físicos de sus componentes puros en:

a) líquido-líquido (más frecuentes) .
b) gas-líquido (agua gaseosa)
c) sólido-líquido (agua de mar) ordinariamente se refiere al líquido como solvente ó disolvente y al otro elemento constituyente como soluto.

Las propiedades físicas y químicas de las soluciones dependen tanto de la naturaleza de las moléculas que las conforman como de las cantidades relativas de soluto y solvente de sus constituyentes, por lo que es necesario especificar las concentraciones de cada uno de ellos en relación con la cantidad total de la solución ya sea en masa o en volumen.

Desde este punto de vista, las soluciones se clasifican de acuerdo a:

a) Su origen

I. Naturales (plasma, agua de mar etc.)
II. Artificiales (solución salina)

b) Concentración de soluto

I. Saturadas (en equilibrio con el soluto sin disolver)
II. No saturada (contiene menor cantidad de soluto que la saturada)
III. Sobresaturada (tiene una concentración de soluto que rebasa el equilibrio)

c) Diámetro de soluto

I. Verdaderas (menos de 0.001 micras)
II. Coloidales (de 0.001 a 0.1 micras)
III. Emulsiones (más de 0.1 micras)

d) Por la concentración de iones hidrógeno (pH)

I.   Neutras (pH cercano a 7)
II. Ácidas (pH menor de 7)
III. Alcalinas (pH mayor de 7)

e) Su estado físico

I.   Líquidas
II. Gaseosas
III. Sólidas

2.3 Unidades de concentración

La concentración se define como la cantidad de un elemento o compuesto químico por unidad de volumen. Cada sustancia presenta cierta solubilidad que es la cantidad máxima de soluto que puede disolverse en una solución, y depende principalmente de condiciones como la temperatura y la presión. Así la concentración puede expresarse en términos de molaridad (M), normalidad (N), molalidad (m), osmolaridad (Osm), porcentaje en peso (% p/p), porcentaje en volumen (% p/v), partes por millón (ppm), partes por trillón (ppt), entre otros.

También se puede expresar cualitativamente utilizando los términos concentrado o diluido para una cantidad elevada o reducida de soluto respectivamente.

2.3.1 Densidad (δ)

La relación entre masa y volumen se conoce como densidad (δ) y es equivalente al peso de una solución en la unidad de volumen.

$$\delta \ = \ \frac{\text{Masa}}{\text{Volumen}} \ = \ \frac{\text{Kg}}{\text{Litro}} \quad (\textit{ecuación 2})$$

Si se pesa un volumen dado de una solución, se obtendrá su densidad y de igual manera el conocer la densidad permite conocer la masa y el volumen.

2.3.2 Porcentaje (%)

La composición porcentual es una de las maneras más sencillas de expresar la concentración de una solución, y se define como el número de unidades de masa o volumen de soluto por 100 unidades de masa o volumen de solución. De esta manera se pueden tener soluciones porcentuales de:

- **Porcentaje peso en peso (p/p):** es la masa de soluto por cada cien partes de solución. Por ejemplo: una solución de ácido clorhídrico al 4% (p/p) quiere decir que fue preparada con 4 g de este ácido y 96 g de agua destilada.

  Para calcular este tipo de porcentaje, se tiene la siguiente fórmula:

  $$\% \text{ (peso / peso)} = \frac{\text{masa de soluto}}{\text{masa de disolución}} \times 100 \qquad (ecuación\ 3)$$

- **Porcentaje peso en volumen (p/v):** si se mezcla un sólido (g) en un líquido (mL). Ejemplo: 10 g de NaCl **aforados** a 100 mL de agua destilada.

  Se tiene que para conocer el porcentaje peso en volumen:

  $$\% \text{ (peso / volumen)} = \frac{\text{masa de soluto}}{\text{volumen de disolución}} \times 100 \qquad (ecuación\ 4)$$

- **Porcentaje volumen en volumen (v/v):** al mezclarse 2 líquidos (mL), se tiene que el volumen de soluto por cada cien unidades de volumen. Ejemplo: disolver 10 mL de alcohol en 100 mL de agua destilada.

  De la misma manera para calcular este tipo de porcentaje, se tiene la siguiente fórmula:

  $$\% \text{ (volumen / volumen)} = \frac{\text{volumen de soluto}}{\text{volumen de disolución}} \times 100$$

  $$(ecuación\ 5)$$

2.3.3 Molaridad (M)

La concentración molar o molaridad (M) se define como el número de moles de soluto disueltos en un litro de solución. Es decir:

$$M = \frac{\text{moles de soluto}}{\text{litros de solución}} = \frac{\text{milimoles de soluto}}{\text{mililitros de solución}} \qquad (\textit{ecuación 6})$$

Por ejemplo si se disuelven 6 moles de soluto en un litro de disolución, se tendrá una concentración de ese soluto de 6 M (6 molar).

Esta es la unidad de concentración más utilizada. Pero, tiene el inconveniente de que el volumen varía con la temperatura.

2.3.4 Molalidad (m)

La molalidad (m) se define como el número de moles de soluto disueltos en un kilogramo de disolvente por lo que al final tiene un volumen mayor de 1000 mL, estas soluciones no se aforan y sólo se utilizan en casos especiales.

$$m = \frac{\text{moles de soluto}}{\text{kilogramos de disolvente}} \qquad (\textit{ecuación 7})$$

Una de las ventajas de esta unidad de concentración es su independencia de la temperatura y la presión, debido a que no está en función del volumen.

Sin embargo, como el volumen de un líquido se mide más fácilmente que su masa, los reactivos de laboratorio suelen prepararse a una molaridad especificada y no a una molalidad dada.

2.3.5 Osmolaridad (Osm)

Se define como el número de osmoles de soluto disueltos en un litro de solución:

$$\mathbf{Osm} = \frac{\text{osmoles de soluto}}{\text{litro de disolvente}} \qquad (ecuación\ 8)$$

Un osmol corresponde a las partículas osmóticamente activas de un compuesto las cuales pueden ser moléculas, iones ó electrolitos y dependen de la capacidad del compuesto de disociarse en sus componentes.

$$\text{Ej. } NaCl = Na^+ \text{ y } Cl^- \text{ ó } CaCO_3 = Ca^{+2} \text{ y } CO_3^{-2}.$$

2.3.6 Normalidad (N)

La normalidad de una solución se define como el número de equivalentes de soluto por litro de disolución.

$$\mathbf{N} = \frac{\text{Número de equivalentes de soluto (PEG)}}{\text{litro de solución}} \qquad (ecuación\ 9)$$

O bien:

$$\mathbf{N} = \frac{\text{Número de equivalentes de químicos (EQ)}}{\text{litro de solución}} \qquad (ecuación\ 10)$$

Existen varias formas de determinar los pesos equivalentes.

Así por ejemplo, para establecer los pesos equivalentes de los ácidos y las bases, se debe partir de la siguiente reacción de neutralización:

$$H^+ + OH^- \rightarrow H_2O$$

Entonces se tiene que:

a) El peso equivalente de un ácido se define como su peso molecular dividido entre el número de iones H^+ que proporciona una molécula. Un equivalente gramo (eq – g) es entonces la cantidad que contiene o puede proporcionar por reacción, un mol de ión H^+.

b) Para una base el peso equivalente se define como la proporción del peso molecular que contiene o puede proporcionar un ión OH^-, o que puede reaccionar con un ión H^+.

c) Para el caso de una reacción oxido – reducción, el peso equivalente del agente reductor o agente oxidante, se determina dividiendo el peso molecular entre el número total de electrones perdidos o ganados, al momento en que ocurre la reacción. Estos agentes pueden tener más de un peso equivalente, dependiendo de la reacción en la cual intervenga.

Ejemplos:

1. A partir de la siguiente reacción:

$$HCl \ + \ NaOH \ \rightarrow NaCl \ + \ H_2O$$

Para determinar el peso equivalente gramo (PEG) del ácido clorhídrico (HCl) se realiza de la siguiente manera:

Peso molecular del HCl (PM) = 36.5 g / mol

Peso Equivalente Gramo (PEG) = $\dfrac{PM \ _{HCl}}{\text{Número de } H+ \text{ proporcionados por la molécula}}$ (*ecuación 11*)

Para este caso de acuerdo a la reacción anterior se tiene que un ión hidrógeno es proporcionado por la molécula de HCl, entonces al sustituir en la ecuación 11 tendremos:

$$PEG \ _{HCl} \ = \ \frac{36.5}{1} \ = \ 36.5 \ g$$

Entonces, el peso equivalente gramo del HCl, es igual a 36.5 g (peso de un mol del ácido que reacciona con un mol de NaOH). Otra manera de interpretar este resultado es que un equivalente químico es igual a 36.5 g de este ácido.

2. Ahora se tiene la siguiente reacción química:

$$H_2SO_4 + 2NaOH \rightarrow Na_2SO_4 + 2H_2O$$

Para determinar el peso equivalente gramo (PEG) del ácido sulfúrico (H_2SO_4) se tiene que:

Peso molecular del H_2SO_4 (PM) = 98 g / mol

Peso Equivalente Gramo (PEG) = $\dfrac{\text{PM } H_2SO_4}{\text{Número de H+ proporcionados por la molécula}}$ (*ecuación 11*)

Para este caso de acuerdo a la reacción anterior se tiene que dos iones hidrógenos son proporcionados por la molécula de H_2SO_4, entonces sustituyendo en la ecuación 12 queda:

$$\text{PEG } H_2SO_4 = \frac{98}{2} = 49 \text{ g}$$

Entonces, el peso equivalente gramo del H_2SO_4, es igual a 49 g (peso de ácido que reacciona con un mol de NaOH). Aquí también un equivalente químico es igual a 49 g del ácido sulfúrico.

3. Se tiene la siguiente reacción sin ajustar:

$$KMnO_4 + KI + H_2SO_4 \rightarrow K_2SO_4 + MnSO_4 + I_2 + H_2O$$

Para determinar el peso equivalente gramo (PEG) del permanganato de potasio ($KMnO_4$) se tiene que para esta reacción de oxidación – reducción, el estado de oxidación del manganeso que es de + 7 cambia a +2, por lo tanto:

Peso molecular del $KMnO_4$ (PM) = 158 g / mol

$$\textbf{Peso Equivalente} \quad \frac{\text{PM KMnO}_4}{\text{Número de electrones perdidos}} \quad (\textit{ecuación 12})$$

$$\text{PEG}_{\text{KMnO4}} = \frac{158}{7 - 2} = \frac{158}{5} = 31.6 \text{ g}$$

Por lo tanto, el peso equivalente gramo (PEG) del permanganato de potasio, es igual a 31.6 g. O de igual manera 31.6 g de este compuesto es igual a un equivalente químico.

Existen otras unidades de concentración, para expresar trazas de una sustancia muy diluida, como por ejemplo, partes por millón (ppm), partes por billón (ppb) y partes por trillón (ppt).

Es importante resaltar que las medidas más frecuentemente utilizadas para especificar concentraciones en reactivos de laboratorio son la Molaridad y la Normalidad.

2.4 Factores de conversión en la resolución de problemas de química general

Para realizar los cálculos previos a la preparación de disoluciones en el análisis químico cuantitativo, es posible utilizar factores de conversión, los cuales reciben el nombre de *factor cuantitativo*.

Este tipo de factores se pueden utilizar para la conversión entre gramos y moles de una sustancia pura, así por ejemplo:

$$1 \text{ mol de NaOH} = 40 \text{ g} \quad (\textit{ecuación 13})$$

De la ecuación 13 se derivan dos factores cuantitativos:

$$\frac{1 \text{ mol de NaOH}}{40 \text{ g de NaOH}} \qquad (\textit{ecuación 14}) \qquad \frac{40 \text{ g de NaOH}}{1 \text{ mol}} \qquad (\textit{ecuación 15})$$

Así se tiene que para convertir 50 gramos de hidróxido de sodio (NaOH) a moles, con el empleo de un factor cuantitativo (ecuación 16):

$$50 \text{ g de NaOH} \quad X \quad \frac{1 \text{ mol de NaOH}}{40 \text{ g de NaOH}} \quad = \quad 1.25 \text{ moles de NaOH}$$

$$(\textit{ecuación 16})$$

2.5 Problemas resueltos de química inorgánica

2.5.1 Porcentaje

¿En un mol de cloruro de sodio (NaCl), qué porcentaje corresponde a cada elemento?

Datos:

- Peso molecular del sodio (Na) = 23 g / mol
- Peso molecular del cloro (Cl) = 35.5 g / mol
- Peso molecular del cloruro de sodio (NaCl) = (23 g/mol + 35.5 g/mol) = 58.5 g/mol

El porcentaje de sodio (Na) y cloro (Cl) en el cloruro de sodio (NaCl) es el número de partes en peso de Na y de Cl en 100 partes en peso de NaCl.

Entonces si se sabe que un mol de cloruro de sodio equivale a 58.5 g, y que de ellos, 23 g y 35.5 g corresponden al sodio y al cloro respectivamente, entonces para conocer la cantidad de sodio y cloro que hay en 100 g del NaCl (100%), el cálculo se puede realizar ya sea empleando una Regla de Tres o con Factores Cuantitativos:

SOLUCIÓN 1 (Regla de tres)

$$58.5 \text{ g de NaCl} \xrightarrow{\text{Tienen}} 23 \text{ g Na}$$

$$100 \text{ g de NaCl} \xrightarrow{\text{tendrán}} X_1 \qquad (ecuación~17)$$

$X_1 = (100 \text{ g NaCl} \times 23 \text{ g Na}) / 58.5 \text{ g NaCl} = 39.32 \text{ g Na} = 39.32\%$ de Na

$$58.5 \text{ g de NaCl} \xrightarrow{\text{Tienen}} 35.5 \text{ g Cl}$$

$$100 \text{ g de NaCl} \xrightarrow{\text{Tendrán}} X_2 \qquad (ecuación~18)$$

$X_2 = (100 \text{ g NaCl} \times 35.5 \text{ g Na}) / 58.5 \text{ g NaCl} = 60.68 \text{ g Cl} = 60.68\%$ de Cl

SOLUCIÓN 2 (Factores cuantitativos)

Se conoce que:

1 mol NaCl = 58.5 g NaCl

y además que:

$$58.5 \text{ g de NaCl} \xrightarrow{\text{Contienen}} 23 \text{ g Na} \quad \text{y} \quad 35.5 \text{ g de Cl}$$

En este caso los factores cuantitativos que pueden hacerse a partir de las expresiones anteriores y serán:

$$\frac{23 \text{ g Na}}{58.5 \text{ g NaCl}} \quad (ecuación~17) \qquad \frac{58.5 \text{ g NaCl}}{23 \text{ g Na}} \quad (ecuación~19)$$

$$\frac{35.5 \text{ g Cl}}{58.5 \text{ g NaCl}} \quad (ecuación\ 18) \qquad \frac{58.5 \text{ g NaCl}}{35.5 \text{ g de Cl}} \quad (ecuación\ 20)$$

Como se quiere conocer la cantidad de Na y Cl que hay en 100 g, se debe colocar los gramos de NaCl para que al momento de realizar la operación éstos se eliminen y queden el porcentaje de Na y Cl.

$$100 \text{ g de NaCl} \quad X \quad \frac{23 \text{ g Na}}{58.5 \text{ g NaCl}} = 39.32 \text{ g Na} \quad (ecuación\ 21)$$

$$100 \text{ g de NaCl} \quad X \quad \frac{35.5 \text{ g Cl}}{58.5 \text{ g NaCl}} = 60.68 \text{ g Cl} \quad (ecuación\ 22)$$

Se puede observar que en ambas soluciones del problema, que por cada 100 g de Cloruro de Sodio se tienen 39.32 g y 60.68 g de Sodio y de Cloro respectivamente.

Como los resultados están en base 100, entonces en un mol de cloruro de sodio, hay 39.32% de Sodio y 60.68% de cloro. Además se advierte que la suma de las dos proporciones es igual a 100% o a 100g.

2.5.2 Molaridad

¿Cuál es la molaridad (M) de una solución preparada con 85 mL de ácido sulfúrico (H_2SO_4) en 250 mL de solución?

Datos:

- Peso molecular del ácido sulfúrico (H_2SO_4) = 98.0 g / mol
- Densidad del ácido sulfúrico (H_2SO_4) = 1.9 g / mL

Al igual que el ejemplo anterior, el cálculo se puede realizar de dos maneras:

SOLUCIÓN 1 (Regla de Tres)

Primeramente hay que conocer la cantidad de masa que equivale los 85 mL de H_2SO_4, a través de su densidad, así:

$$\text{1 mL de } H_2SO_4 \xrightarrow[\text{equivaldrán a}]{\text{equivalen a}} \text{1.9 g de } H_2SO_4$$

$$\text{85 mL de } H_2SO_4 \longrightarrow X_1$$

$$X_1 = (85 \text{ mL } H_2SO_4 \text{ x } 1.9 \text{ g } H_2SO_4) / 1 \text{ mL } H_2SO_4 = 161.5 \text{ g } H_2SO_4$$

Esto quiere decir que los 85 mL pesan 161.5 g de ácido sulfúrico.

Como siguiente paso se deben conocer los moles que equivalen los 161.5 g de ácido sulfúrico, a través de su peso molecular (98 g = 1 mol):

$$\text{98 g de } H_2SO_4 \xrightarrow[\text{corresponderán a}]{\text{corresponden a}} \text{1 mol de } H_2SO_4$$

$$\text{161.5 g de } H_2SO_4 \longrightarrow X_2$$

$$X_2 = (161.5 \text{ g } H_2SO_4 \text{ x } 1\text{mol } H_2SO_4) / 98 \text{ g } H_2SO_4 = 1.6479 \text{ moles } H_2SO_4$$

Por último sólo queda determinar la concentración molar, la cual se debe reportar de acuerdo a su definición por litro de solución (ver ecuación 6).

Ya que se conoce que en 85 mL de este ácido, se tienen 1.6479 moles, los cuales se encuentran en 250 mL de solución, además de que 1 litro equivale a 1000 mL, entonces se puede hacer la siguiente relación:

$$\text{250 mL de solución} \xrightarrow[\text{Tendrán}]{\text{Tienen}} \text{1.6479 moles de H2SO4}$$

$$\text{1000 mL de solución} \longrightarrow X_3$$

$$X_3 = (1000 \text{ mL } H_2SO_4 \times 1.6479 \text{ moles } H_2SO_4) / 250 \text{ mL } H_2SO_4 =$$

$$6.5916 \text{ moles } H_2SO_4 \text{ por litro de solución.}$$

Así se tienen que de acuerdo a la ecuación 6:

$$M = \frac{\text{moles de soluto}}{\text{litros de solución}} = \frac{6.5916 \text{ moles } H_2SO_4}{1 \text{ litro de solución}} = 6.5916 \text{ M}$$

Esto quiere decir que la solución de H_2SO_4 tiene una concentración de 6.5916 M.

SOLUCIÓN 2 (Factores cuantitativos)

Ahora bien, con la ayuda de factores cuantitativos, se puede conocer también la molaridad de la solución de ácido sulfúrico, lo único es que se deben determinar los factores que participarán.

Para saber la cantidad de masa que equivalen los 85 mL de H_2SO_4, con la ayuda de la densidad, los factores cuantitativos son:

$$\frac{1.9 \text{ g } H_2SO_4}{1 \text{ mL } H_2SO_4} \quad (\textit{ecuación 23}) \qquad \frac{1 \text{ mL } H_2SO_4}{1.9 \text{ g } H_2SO_4} \quad (\textit{ecuación 24})$$

Al seleccionar la ecuación 21, se puede conocer los gramos de ácido sulfúrico que contienen los 85 mL (ecuación 25):

$$85 \text{ mL } H_2SO_4 \quad X \quad \frac{1.9 \text{ g } H_2SO_4}{1 \text{ mL } H_2SO_4} = 161.5 \text{ g } H_2SO_4 \quad (\textit{ecuación 25})$$

Igual que en casos anteriores, se observa que en la ecuación 25 al momento de realizar las operaciones los mililitros se eliminan mutuamente, y sólo quedan los gramos, que es lo que se está buscando.

A continuación hay que conocer los moles que equivalen los 161.5 gramos de ácido sulfúrico. Este dato se puede determinar con el peso molecular de este compuesto, el cual puede ser expresado como dos factores cuantitativos:

$$\frac{98 \text{ g H}_2\text{SO}_4}{1 \text{ mL H}_2\text{SO}_4} \quad (ecuación\ 26) \qquad \frac{1 \text{ mL H}_2\text{SO}_4}{98 \text{ g H}_2\text{SO}_4} \quad (ecuación\ 27)$$

$$161.5 \text{ g H}_2\text{SO}_4 \quad \text{X} \quad \frac{1 \text{ mol H}_2\text{SO}_4}{98 \text{ g H}_2\text{SO}_4} = 1.648 \text{ moles H}_2\text{SO}_4$$

(*ecuación 28*)

Se observa que en la ecuación 28 al momento de realizar las operaciones los gramos se eliminan mutuamente, y sólo quedan la cantidad de moles.

Entonces se tiene que hay 1.648 moles de ácido sulfúrico en 250 mL de solución. Ahora bien para conocer la cantidad de moles de $H_2\text{SO}_4$ que hay por litro de solución se pueden utilizar los siguientes factores cuantitativos:

$$\frac{1.648 \text{ mL H}_2\text{SO}_4}{250 \text{ mL solución}} \quad (ecuación\ 29) \qquad \frac{250 \text{ mL solución}}{85 \text{ mL H}_2\text{SO}_4} \quad (ecuación\ 30)$$

$$1000 \text{ mL solución} \quad \text{X} \quad \frac{1.648 \text{ moles H}_2\text{SO}_4}{250 \text{ mL de solución}} = 6.59 \text{ moles H}_2\text{SO}_4$$

(*ecuación 31*)

Por último sólo queda determinar la concentración molar, la cual se debe reportar de acuerdo a su definición por litro de solución (ver ecuación 6).

$$M = \frac{\text{moles de soluto}}{\text{litro de solución}} = \frac{6.5916 \text{ moles H}_2\text{SO}_4}{1 \text{ litro de solución}} = 6.5916 \text{ M}$$

Observar que es la misma concentración molar que la obtenida en la solución 1

2.5.3 Molalidad

¿Cuál es la molalidad (m) de una solución preparada con 40 mL de tetracloruro de carbono (CCl_4), disuelto en 800 mL de alcohol etílico (C_2H_5OH), si la densidad del CCl_4 = 1.7 g / mL y la del alcohol = 1.3 g/mL.

Datos:

	Peso molecular (g / mol)	Densidad (g / mL)
CCl_4	154	1.7
C_2H_5OH	46	1.3

SOLUCIÓN 1 (Regla de Tres)

De acuerdo a la definición de molalidad, se debe conocer tanto la cantidad de soluto (tetracloruro de carbono) como del disolvente (etanol). Entonces primero hay que determinar los moles de CCl_4 que hay en la solución, con ayuda de su densidad y posteriormente del peso molecular.

equivalen a

1 mL de CCl_4 $\longrightarrow$ 1.7 g de CCl_4

equivaldrán a

40 mL de CCl_4 $\longrightarrow$ X_1

$$X_1 = (40 \text{ mL } CCl_4 \times 1.7 \text{ g } CCl_4) / 1 \text{ mL } CCl_4 = 68 \text{ g } CCl_4$$

Por lo tanto ya se conoce que en 40 mL de CCl_4 hay 68 g de este compuesto, y por consiguiente determinar los moles que equivalen los 68 g de tetracloruro, si se sabe que un mol de CCl_4 es igual de 154 g:

$$154 \text{ g de } CCl_4 \xrightarrow{\text{corresponden a}} 1 \text{ mol de } CCl_4$$

$$68 \text{ g de } CCl_4 \xrightarrow{\text{corresponderán a}} X_2$$

$$X_2 = (68 \text{ g } CCl_4 \times 1 \text{mol } CCl_4) \,/\, 154 \text{ g } CCl_4 = 0.442 \text{ moles } CCl_4$$

A continuación se calcula la cantidad de masa que equivalen los 800 mL de etanol (disolvente), los cuales están contenidos en la solución. Esto se realiza con ayuda de su densidad (1.3 g / mL):

$$1\text{mL de } C_2H_5OH \xrightarrow{\text{tienen}} 1.3 \text{ g de } C_2H_5OH$$

$$800 \text{ mL de } C_2H_5OH \xrightarrow{\text{tendrán}} X_3$$

$$X_3 = \frac{(800 \text{ mL } C_2H_5OH \times 1.3 \text{ moles } C_2H_5OH)}{1 \text{ mL } C_2H_5OH)} = 1040 \text{ g de } C_2H_5OH$$

Entonces 800 mL de etanol pesan 1040 g que es lo mismo 1.040 kg.

Por último sólo queda conocer la molalidad de la solución, de acuerdo a la ecuación 7:

$$M = \frac{\text{moles de soluto}}{\text{kilogramo de disolvente}} = \frac{0.442 \text{ moles } CCl_4}{1.040 \text{ kg } C_2H_5OH} = 0.425 \text{ m}$$

Por lo tanto, 0.425 m (molal) es la concentración de la solución preparada con 40 mL de tetracloruro de carbono (CCl_4), disuelto en 800 mL de alcohol etílico (C_2H_5OH).

SOLUCIÓN 2 (Factores cuantitativos)

Hasta aquí es interesante resaltar que la ventaja de aprender a utilizar los factores cuantitativos es que se pueden realizar varias operaciones al mismo tiempo, como a continuación se presentan.

Moles del soluto (CCl_4):

Para calcular la cantidad de soluto que hay en la solución, se requieren de los siguientes factores cuantitativos, los cuales tienen su origen en la densidad y el peso molecular del tetracloruro de carbono:

$$\text{Densidad} \qquad\qquad\qquad \text{Peso Molecular}$$

$$\frac{1.7 \text{ g } CCl_4}{1 \text{ mL } CCl_4} \quad (ecuación\ 32) \qquad \frac{154 \text{ g } CCl_4}{1 \text{ mol } CCl_4} \quad (ecuación\ 34)$$

$$\frac{1 \text{ mL } CCl_4}{1.7 \text{ g } CCl_4} \quad (ecuación\ 33) \qquad \frac{1 \text{ mol } CCl_4}{154 \text{ g } CCl_4} \quad (ecuación\ 35)$$

Al utilizar las ecuaciones 32 y 35 se puede obtener la cantidad de moles de CCl_4 que hay en 40 mL:

$$40 \text{ mL } CCl_4 \quad \times \quad \frac{1.7 \text{ g } CCl_4}{1 \text{ mL } CCl_4} \quad \times \quad \frac{1 \text{ mol } CCl_4}{154 \text{ g } CCl_4} \quad = \quad 0.442 \text{ moles de } CCl_4$$

Observar que los mililitros de tetracloruro se eliminan recíprocamente al momento de realizar la primera operación, para que sólo queden los gramos, los cuales posteriormente son eliminados en la siguiente operación, para que únicamente queden los moles de tetracloruro que equivalen los 40 mL.

Masa del disolvente (C_2H_5OH):

Ahora se puede realizar el mismo procedimiento para conocer la cantidad de masa de etanol que hay en la solución, con ayuda de los siguientes factores de conversión:

$$\text{Densidad}$$

$$\frac{1.3 \text{ g } C_2H_5OH}{1 \text{ mL } C_2H_5OH} \quad \textit{(ecuación 36)} \qquad \frac{1000 \text{ g}}{1\text{kg}} \quad \textit{(ecuación 38)}$$

$$\text{Masa}$$

$$\frac{1 \text{ mL } C_2H_5OH}{1.3 \text{ g } C_2H_5OH} \quad \textit{(ecuación 37)} \qquad \frac{1 \text{ kg}}{1000 \text{ g}} \quad \textit{(ecuación 39)}$$

Con las ecuaciones 36 y 39 se obtiene los kilogramos de disolvente que contiene la solución:

$$800 \text{ mL } C_2H_5OH \quad \times \quad \frac{1.3 \text{ g } C_2H_5OH}{1 \text{ mL } C_2H_5OH} \quad \times \quad \frac{1 \text{ kg}}{1000 \text{ g}} \quad = \quad 1.04 \text{ kg de } C_2H_5OH$$

De la misma manera se advierte que los mililitros de etanol se eliminan mutuamente al momento de realizar la primera operación, para que sólo queden los gramos, los cuales finalmente son eliminados en la segunda operación, para que únicamente queden los kilogramos de etanol que equivalen a los 800 mL.

Por lo tanto se tiene que la molalidad de la solución es igual a:

$$m = \frac{\text{moles de soluto}}{\text{kilogramo de disolvente}} = \frac{0.442 \text{ moles } CCl_4}{1.040 \text{ kg } C_2H_5OH} = 0.425 \text{ m}$$

Se puede observar que el resultado es igual al obtenido con ayuda de las Reglas de Tres utilizadas anteriormente.

Es importante resaltar que para dominar perfectamente el uso de varios factores cuantitativos en una sola operación, se requiere que el estudiante practique esta clase de ejercicios de manera continua.

2.5.4 Normalidad

Ejemplo 1

¿Cuántos gramos de H_2SO_4 se requieren para preparar 300 mL de una solución 0.5 normal (N) de este ácido?

Datos:

- Peso molecular de H_2SO_4 (PM) = 98 g

Para determinar el peso equivalente gramo (PEG) se realiza lo siguiente:

$$\textbf{Peso Equivalente Gramo (PEG)} = \frac{PM\ H_2SO_4}{\text{Número de H+ proporcionados por la molécula}} \qquad (ecuación\ 11)$$

Para este caso se tiene que dos iones hidrógenos que pueden ser reemplazados en la mayor parte de las reacciones en las que interviene el ácido sulfúrico, entonces:

$$PE\ H_2SO_4 = \frac{98}{2} = 49\ g$$

Esto es igual a:

1 Equivalente Químico o Peso Equivalente (PE) del H_2SO_4 = 49 g

SOLUCIÓN 1 (Regla de tres)

Primero se tiene que para preparar un litro de la solución de ácido sulfúrico 1 N y de acuerdo a la definición de normalidad:

$$1\ N = \frac{\text{Peso equivalente del soluto}}{\text{litro de solución}} = \frac{1\ \text{Equivalente}\ H_2SO_4}{1\ \text{litro solución}}$$

$$1\ N = \frac{49\ g\ H_2SO_4}{1\ \text{litro solución}}$$

$$\text{1N de } H_2SO_4 \xrightarrow{\text{Tiene}} \text{49 g de } H_2SO_4$$

$$\text{0.5 N de } H_2SO_4 \xrightarrow{\text{Tendrán}} X_1$$

$$X_1 = (0.5 \text{ N } H_2SO_4 \times 49 \text{ g } H_2SO_4) / 1 \text{ N } H_2SO_4 = 24.5 \text{ g } H_2SO_4$$

Entonces esto quiere decir que para preparar un litro (o bien 1000 mL) de una solución 0.5 N de ácido sulfúrico, se requieren 24.5 g de este compuesto. Ahora bien el problema menciona que sólo se deben preparar 300 mL de esta solución, conservando su concentración normal, por lo tanto:

$$\text{1000 mL de solución de } H_2SO_4\,(0.5N) \xrightarrow{\text{tiene}} \text{24.5 g de } H_2SO_4$$

$$\text{300 mL de solución de } H_2SO_4\,(0.5N) \xrightarrow{\text{tendrán}} X_2$$

$$X_2 = (300 \text{ mL } H_2SO_4 \times 24.5 \text{ g } H_2SO_4) / 1000 \text{ mL } H_2SO_4 = 7.35 \text{ g } H_2SO_4$$

Entonces se requieren 7.35 g de ácido sulfúrico para preparar 300 mL de una solución 0.5 N.

SOLUCIÓN 2 (Factores cuantitativos)

Otra manera de plantear el problema es con factores cuantitativos:

$$1 \text{ N} = \frac{1 \text{ Equivalente } H_2SO_4}{1 \text{ litro solución}} = \frac{49 \text{ g } H_2SO_4}{1 \text{ litro solución}} \qquad \text{(ecuación 40)}$$

De acuerdo a la ecuación 37 se puede establecer que para preparar un litro de una solución 1 N se necesitan 49 g de ácido sulfúrico, esto también se puede expresar como factores cuantitativos:

$$\frac{1 \text{ N } H_2SO_4}{49 \text{ g } H_2SO_4} \qquad (\textit{ecuación 41}) \qquad\qquad \frac{49 \text{ g } H_2SO_4}{1 \text{ N } H_2SO_4} \qquad (\textit{ecuación 42})$$

Al utilizar la ecuación 42 se tiene que:

$$0.5 \text{ N } H_2SO_4 \quad x \quad \frac{49 \text{ g } H_2SO_4}{1 \text{ N } H_2SO_4} \quad = \quad 24.5 \text{ g de } H_2SO_4$$

Entonces para preparar un litro de una solución de ácido sulfúrico con una concentración normal de 0.5, se necesitan 24.5 g de esta sustancia. Pero para preparar sólo 300 mL (0.3 L), se puede calcular la cantidad de masa de este compuesto con ayuda de algunos de los siguientes factores de conversión:

$$\frac{1 \text{ L de solución}}{24.5 \text{ g } H_2SO_4} \qquad (\textit{ecuación 43}) \qquad\qquad \frac{24.5 \text{ g } H_2SO_4}{1 \text{ L de solución}} \qquad (\textit{ecuación 44})$$

Entonces con la ecuación 44:

$$0.3 \text{ L de solución} \quad x \quad \frac{24.5 \text{ g } H_2SO_4}{1 \text{ L de solución}} \quad = \quad 7.35 \text{ g de } H_2SO_4$$

Al igual que en la solución 1, se necesitan pesar 7.35 g de H_2SO_4 para preparar 300 mL de una solución 0.5 N de este ácido.

Ejemplo 2

¿Cuántos gramos de Hidróxido de sodio (NaOH) se requieren para preparar 250 mL de una solución 2.5 normal (N) de solución de hidróxido de sodio?

Datos:

- Peso molecular de NaOH (PM) = 40 g

De igual manera que el ejemplo anterior, el peso equivalente gramo (PEG) se determina como la ecuación 11:

$$\textbf{Peso Equivalente Gramo (PEG)} = \frac{PM_{HCl}}{\text{Número de H+ proporcionados por la molécula}} \qquad (\textit{ecuación 11})$$

Para este caso se tiene que sólo un ión hidróxilo puede ser reemplazado en la mayor parte de las reacciones en las que interviene la sosa, entonces:

$$PE_{NaOH} = \frac{40\ g}{1} = 40\ g$$

Esto es igual a:

1 Equivalente Químico o Peso Equivalente (PE) de NaOH = 40 g

SOLUCIÓN 1 (Regla de tres)

Para preparar un litro de la solución de hidróxido de sodio (NaOH), con una concentración de 1N y de acuerdo a la definición de normalidad:

$$1\ N = \frac{\text{Peso equivalente del soluto}}{\text{litro de solución}} = \frac{1\ \text{Equivalente NaOH}}{1\ \text{litro solución}}$$

$$1\ N = \frac{40\ g\ NaOH}{1\ \text{litro solución}} \qquad (\textit{ecuación 45})$$

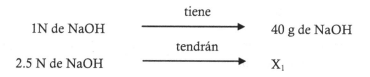

$$X_1 = (2.5 \text{ N NaOH} \times 40 \text{ g NaOH}) / 1 \text{ N NaOH} = 100 \text{ g NaOH}$$

Por lo tanto se requieren 100 g de sosa para preparar un litro (o bien 1000 mL) de una solución con concentración de 2.5 N. Pero como se requieren preparar 250 mL de NaOH, con la misma concentración entonces:

tiene

1000 mL de solución de NaOH (2.5N) ⟶ 100 g de NaOH

tendrán

250 mL de solución de NaOH (2.5N) ⟶ X_2

$$X_2 = (250 \text{ mL NaOH} \times 100 \text{ g NaOH}) / 1000 \text{ mL NaOH} = 25 \text{ g NaOH}$$

Esto quiere decir que se requieren 25 g de hidróxido de sodio para preparar 250 mL de una solución 2.5 N.

SOLUCIÓN 2 (Factores cuantitativos)

Otra manera de plantear el problema es con la definición de normalidad de la ecuación 9:

$$N = \frac{\text{Número de equivalentes de soluto (PEG)}}{\text{litro de solución}}$$

(ecuación 9)

Se conoce que la solución de sosa 2.5 N de acuerdo a la definición de anterior de normalidad quiere decir que:

$$2.5\,N = \frac{2.5 \text{ de equivalentes químicos}}{\text{litro de solución}} = \frac{2.5 \text{ de equivalentes químicos}}{1000 \text{ mL de solución}}$$

(*ecuación 46*)

Por lo tanto para preparar 250 mL de la solución 2.5 N:

$$250 \text{ mL NaOH} \quad x \quad \frac{2.5 \text{ EQ NaOH}}{1000 \text{ mL de solución}} \quad x \quad \frac{40 \text{ g NaOH}}{1 \text{ EQ NaOH}} = 25 \text{ g NaOH}$$

Por lo tanto, se necesitan pesar 25 g de NaOH para preparar 250 mL de una solución 2.5 N de esta base.

Ejemplo 3

Con un carbonato de calcio ($CaCO_3$) de 98.2% de pureza se titula una solución de ácido clorhídrico (HCl); 32 mL del ácido reaccionan con 0.5 g. del carbonato, calcular la normalidad (N) del ácido.

Datos:

- Peso molecular de $CaCO_3$ = 100 g.
- Peso Equivalente de $CaCO_3$ = PM / iones sustituibles = 100/2 = 50 g.

Los Equivalentes químicos de la solución valoradora, son iguales a los de la solución a valorar.

SOLUCIÓN 1 (Regla de Tres)

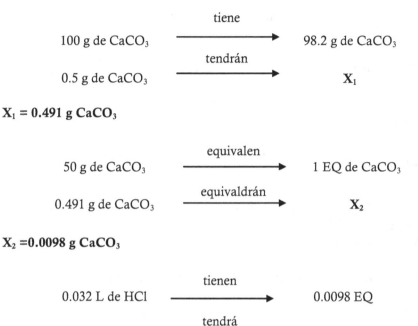

$$X_1 = 0.491 \text{ g } CaCO_3$$

$$X_2 = 0.0098 \text{ g } CaCO_3$$

$$X_3 = 0.3062 \text{ EQ HCl}$$

Concentración = 0.3062 N

SOLUCIÓN 2 (Factores Cuantitativos)

Se tiene que 32 mL de HCl reaccionan con 0.5 g de carbonato de calcio ($CaCO_3$) de 98.2% de pureza, lo que significa:

$$98.2 \% \text{ de pureza } CaCO_3 \quad \text{x} \quad \frac{0.5 \text{ g } CaCO_3}{100\% \text{ pureza}} \quad = \quad 0.491 \text{ g de } CaCO_3$$

1 Equivalente = 50 g $CaCO_3$:

$$0.491 \text{ g } CaCO_3 \quad \text{x} \quad \frac{1 \text{ EQ } CaCO_3}{50 \text{ g}} \quad = \quad 0.0098 \text{ EQ de } CaCO_3$$

En el proceso de titulación, el equilibrio se logra cuando la misma cantidad de equivalentes de carbonato ($CaCO_3$) reaccionan con la misma cantidad de equivalentes del ácido:

1 Equivalente Químico de $CaCO_3$ = 1 Equivalente Químico de HCl

Por lo tanto:

0.0098 Equivalentes de $CaCO_3$ = 0.0098 Equivalentes de HCl

$$N = \frac{\text{Número de equivalentes de soluto (PEG)}}{\text{litro de solución}} \quad \text{(ecuación 9)}$$

$$N = \frac{0.0098 \text{ EQ HCl}}{32 \text{ mL}} \quad \text{X} \quad 1000 \text{ mL} \quad = \quad 0.3062 \text{ N}$$

Por lo tanto, la normalidad del ácido clorhídrico (HCl) es de 0.3062 N.

Parte III

Generalidades de los principales nutrimentos presentes en los alimentos

Principios básicos de bromatología para estudiantes de nutrición

CAPÍTULO 3

Agua

3.1 Estructura

El agua es el único componente químico que se puede considerar presente en todos los alimentos, se considera el disolvente universal, de tal manera que:

a) Facilita las reacciones bioquímicas esenciales
b) Sirve como medio de transporte de nutrimentos y metabolitos
c) Facilita el transporte de gases implicados en la respiración celular (O_2, CO_2)
d) Aporta características singulares a los alimentos como textura, viscosidad, elasticidad, sabor, características para conservación, etc.
e) Es un regulador térmico

Su naturaleza bipolar, le permite formar enlaces de H^+, los cuáles son débiles (4.5 Kcal/mol) con otras moléculas de agua u otros nutrimentos en los alimentos o bien, formar enlaces covalentes entre el átomo de $O^=$ y el de H^+ (110 Kcal/mol) (ver figura 3.1).

FIGURA 3.1 Moléculas de agua unidas por un puente de hidrógeno

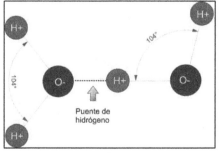

El agua tiene por tanto dos lugares donadores de protones y dos aceptores y puede desarrollar grandes agregados moleculares que le permite disolver moléculas orgánicas no iónicas que sean polares (alcoholes, aldehídos, cetonas, ácidos, azúcares) y actuar como dispersante cuando se trata de moléculas anfipáticas (proteolípidos, glucolípidos, acidos nucleicos etc.), formando micelas.

Generalmente, las biomoléculas combinan tanto los grupos polares como los no polares por lo que de alguna manera pueden ser solubles en agua de acuerdo a la siguiente clasificación:

a) Biomoléculas hidrofílicas o solubles, tienen al menos 1 grupo funcional por cada 5 átomos de carbono. Ej.: los hidratos de carbono que tienen un grupo polar en cada carbono que los constituye

b) Biomoléculas hidrofóbicas o insolubles en agua, tienen un gran número de carbonos apolares por cada grupo funcional. Ej. Ácido oleico con 18 átomos de carbono y solo un grupo funcional

c) Biomoléculas Anfipáticas o parcialmente solubles en agua, tienen en su estructura grupos funcionales polares y no polares con la capacidad de formar micelas. Ej. Fosfolípidos que tienen un grupo fosfato y las moléculas que lo esterifican como la colina que es polar y una región no polar con las cadenas de ácidos grasos.

Al hablar del contenido de humedad de un alimento, se hace referencia a toda el agua contenida en éste de un modo global. Sin embargo, por las características anfipáticas, y de carácter hidrofílico e hidrofóbico de los diversos componentes, se modifican sus características físicas tales como:

a) Calor específico
b) Calor de fusión
c) Calor de vaporización
d) Punto de fusión
e) Punto de ebullición
f) Tensión superficial
g) Viscosidad
h) Constante dieléctrica

De este modo, el agua presente en los alimentos, no se encuentra en forma homogénea ni uniforme. Una cantidad se encuentra:

a) Libre localizada en los poros del material alimenticio ó en los espacios intergranulares (disolvente ó dispersante para las sustancias coloidales).

b) Agua absorbida ó vecinal, se propone como aquella que existe en la vecindad de solutos y otros constituyentes no acuosos, muestra una reducida actividad molecular, no congela a −40°C y altera significativamente sus propiedades. Se encuentra en las superficies monomoleculares de los coloides de almidones, celulosa, proteínas, fuertemente enlazada mediante enlaces de hidrógeno, dipolares, uniones agua-agua ó fuerzas de Van der Walls.

c) Agua de cristalización (fuertemente combinada con otros componentes del alimento).

3.2 Actividad de agua (Aw)

Para disponer de un criterio valorativo de la disponibilidad del conjunto de moléculas de agua contenidas en un alimento, se ha introducido el concepto de actividad acuosa, una medida indirecta del agua que hay disponible en un alimento a fin de que se realicen las diversas reacciones químicas, bioquímicas y/o bacteriológicas

La Aw se ha definido como el cociente entre la presión parcial de vapor de agua de un alimento (Pa) y la presión parcial de vapor del agua pura (Po) a una temperatura determinada y depende tanto de la cantidad de soluto como de disolvente debido a que las moléculas de agua al quedar enlazadas a otros elementos pierden su libertad de acción lo que reduce el valor de la presión de vapor de dichas moléculas. Como magnitud, la Aw expresa el agua NO fijada que es por tanto la que permite el desarrollo de microorganismos en los alimentos.

La actividad de agua es pues, el valor alcanzado por la humedad relativa (HR) de equilibrio del alimento, punto en donde no se gana ni pierde agua, considerando que la humedad relativa de la atmósfera es 100 veces el valor de la actividad acuosa.

El cociente entre las presiones de vapor del agua del alimento y del agua pura a igual temperatura, no es mayor de 1:

$$\% \, HR \quad = \quad \frac{P}{Po} \; X \, 100$$

Donde:

% HR: % humedad relativa

P: Presión de vapor de agua en el alimento

Po: Presión de vapor del agua pura

El conocimiento y manejo de la Aw, ayuda a manipular la vida útil de los alimentos, a predecir los mecanismos de deterioro y determinar el nivel y tipo de protección que debe ser utilizado para lograr una mejor vida de anaquel.

3.3 Isotermas

La obtención de curvas de isotermas de sorción es una forma útil de enfocar el estudio del manejo del agua en alimentos sólidos ya que relacionan el agua adsorbida por un alimento y la humedad relativa del medio que le rodea a una temperatura determinada.

Se describe como una isoterma, la curva en la que se relacionan, el contenido acuoso del alimento con su actividad de agua y en los que se distinguen 3 zonas (ver Figura 3.2).

- Zona A = Es el agua del alimento más fuertemente absorbida y más inmóvil, interacciona directamente con las superficies polares de los componentes del alimento (proteínas, grasas etc.). Es agua constitucional que no puede intervenir en reacciones como disolvente, tampoco se congela y es difícil de eliminar en deshidratación. El final de mayor humedad de la zona A (el límite entre las zonas A y B) corresponde al contenido de humedad (monocapa) del alimento. Se considera monocapa la cantidad de agua necesaria para formar una capa sobre los grupos altamente polares y accesibles de la materia seca.

- Zona B = Es el agua designada como <u>multicapa</u> ya que forma capas de hidratación sobre la monocapa en torno a los grupos hidrofílicos del sólido. Esta agua está menos retenida que la anterior pero solo es deshidratable en parte, por lo que podría iniciar solo parcialmente reacciones químicas como solvente.

- Zona C = Representa al agua <u>libre</u> porque no está unida fuertemente sino que se une por fuerzas de capilaridad, se encuentra físicamente atrapada de manera que se halla impedido su flujo macroscópico Está disponible para cualquier tipo de reacción química, es utilizable como solvente y para el desarrollo de microorganismos es la que se congela y la que se elimina al deshidratar.

FIGURA 3.2 Cambios que ocurren en los alimentos en función de la actividad de agua

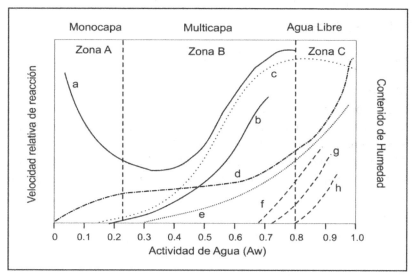

a) Oxidación de lípidos; b) reacciones hidrolíticas; c) oscurecimiento no enzimático; d) isoterma de adsorción; e) actividad enzimática; f) crecimiento de hongos; g) crecimiento de levaduras, y h) crecimiento de bacterias

La retención de agua es un proceso altamente influenciado por el estado físico, cristalino y amorfo en que se encuentran las redes moleculares.

De acuerdo a la isoterma presentada, se puede deducir que a mayor cantidad de agua en el alimento, mayor Aw. Así mismo, al incrementarse la Aw por arriba de 0.5, se desarrollarán todas las reacciones físicas, químicas y bacteriológicas indeseables para el alimento, a partir de 0.6 inicia el crecimiento de algunas levaduras, hongos y bacterias, a valores mayores de 0.86 comienza el crecimiento de microorganismos patógenos (ver figura 3.2 y 3.3).

De la misma manera, la Aw influye en los cambios químicos que ocurren en los alimentos como en el caso de los azúcares que modifican la textura de los alimentos al cambiar de las formas amorfas (higroscópicas) a las cristalinas, con menor capacidad de enlazar agua; la hidrólisis del almidón, que influye en la adsorción pues el fenómeno de gelatinización modifica la red cristalina, o los cambios de pH y la fuerza iónica que pueden modificar la retención de agua en alimentos proteicos y los azúcares.

La Aw puede ser determinada por diversos métodos:

a) Manómetro en cámara cerrada. Se espera un tiempo de equilibrio y se mide la presión con el manómetro.
b) Higrómetro. Mediante el mismo procedimiento anterior pero en lugar de medir la presión, se medirá la humedad relativa.
c) Método gravimétrico. Se basa en la utilización de sales de referencia y mide la humedad cuando se encuentran encerradas en una cámara. (el $MgCl_2$ en una cámara tiene una humedad relativa de 0.328, y el NaCl de 0.75).

FIGURA 3.3 Actividad de agua (Aw) y crecimiento bacteriano en diversos alimentos

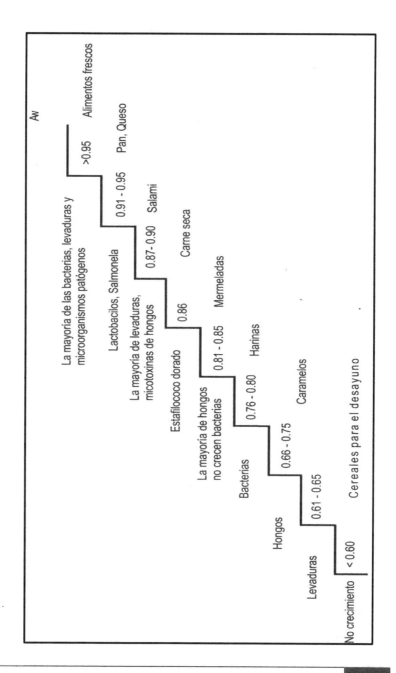

Principios básicos de bromatología para estudiantes de nutrición

CAPITULO 4

Proteínas

4.1 Estructura de aminoácidos, polipéptidos y proteínas

Las moléculas proteicas, están vinculadas a las 3 funciones fundamentales para la materia viva, Nutrición, Crecimiento y Reproducción.

La estructura proteica, está integrada por 22 aminoácidos (a-a) (ver Figura 4.1), los cuáles reaccionan entre sí, se unen a través de un enlace peptídico que consiste en la unión del grupo alfa amino de uno con el carboxilo del otro, dando lugar a mono, di, tri, tetra péptidos, los cuáles pueden denominarse oligopéptidos (hasta 20 a-a), Polipéptidos (de 20 a 100 a-a) y proteínas (centenares de a-a) (ver Figura 4.2). Estos enlaces son separados por las enzimas para su absorción en el intestino.

FIGURA 4.1 Estructura de un L-aminoácido

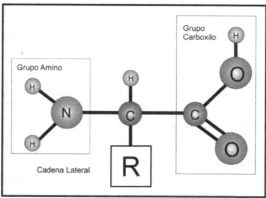

FIGURA 4.2 Formación de un enlace peptídico

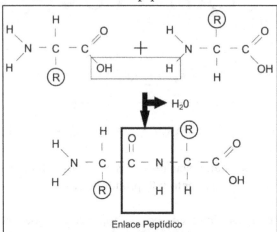

Enlace Peptídico

Así desde el punto de vista químico, las proteínas son polímeros de elevado peso molecular, formados por largas cadenas de alfa aminoácidos unidos a través de enlaces peptídico, dejando fuera de la cadena a los diversos grupos Rx, lo que confiere a cada proteína características especiales de Polaridad, Flexibilidad, Solubilidad etc.

Las cadenas polipeptídicas, resultan en un plano y se pliegan adoptando 2 tipos de estructuras secundarias (helicoidal y hoja plegada) que les permiten ejercer funciones específicas.

Bioquímicamente, las proteínas se caracterizan en cuatro categorías estructurales (ver Figura 4.3):
  a) Primaria: orden secuencial de a-a en cadenas polipeptídicas.
  b) Secundaria: plegamientos de segmentos estabilizados por enlaces de hidrógeno.
  c) Terciaria: disposición espacial de las estructuras secundarias formando una molécula más ó menos compacta que se estabiliza a través de enlaces disulfuro y otras fuerzas no covalentes (enlaces de H, fuerzas de Van der Waals, enlaces hidrofóbicos, interacciones electrostáticas etc.).

FIGURA 4.3 Estructuras de una proteína

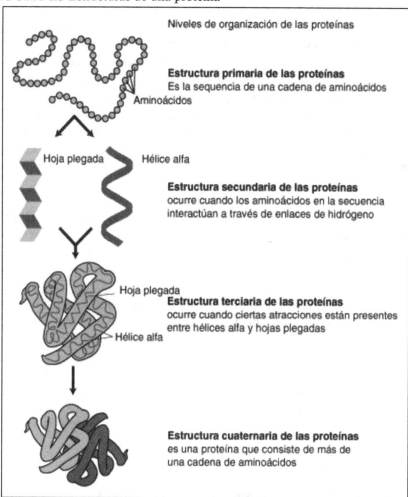

d) Cuaternaria: agregación de subunidades de estructuras secundarias y ternarias para formar unidades oligoméricas Ej. La molécula de hemoglobina (4 monómeros).

Como consecuencia de su conformación, las proteínas ofrecen amplias posibilidades de reaccionar con diversos tipos de moléculas presentes en los alimentos (azúcares, lípidos, polifenoles etc.) y de la misma manera, hace que ofrezca en su parte superficial grupos reactivos que le proporcionan labilidad, por lo que resultan sensibles a la acción de diversos tipos de agentes físicos ó químicos (calor, agitación, pH, radiaciones ionizantes, adición de electrolitos o disolventes orgánicos) y redundarán en modificaciones de su disposición espacial, fenómenos conocidos como desnaturalización, proteólisis o putrefacción. De esta manera, las proteínas modifican algunas de sus propiedades como son: digestibilidad, modificación de la textura, inactivación de enzimas, desaminación, desulfuración, isomerización, precipitación de sus disoluciones, reducción a sus partes más pequeñas, entre otras.

De este punto parten los métodos de separación y purificación que se aplican tanto para el análisis como para su empleo en la tecnología de alimentos. Ej. La extracción con disolventes y posterior precipitación para formar aislados proteicos de soya, la elaboración de yogurt o de pan entre otros.

Desde el punto de vista alimentación, no solo tiene interés el contenido proteico sino también el aporte y disponibilidad de aminoácidos que permitan asegurar los requerimientos necesarios para el crecimiento normal y mantenimiento de los organismos vivos.

Los alimentos en general no contienen elevadas cantidades de proteínas (aproximadamente 30%) y se pueden citar 3 grandes grupos de acuerdo a su procedencia:

a) Origen animal
b) Origen vegetal
c) No convencionales (sustitutos de leche, aislados de organismos unicelulares, materias transformadas)

CAPITULO 5

Lípidos

5.1 Estructura de ácidos grasos y triglicéridos

Los lípidos son componentes estructurales y funcionales de los alimentos.

Químicamente, se considera como lípido a todo componente orgánico que incorpora en su estructura algún ácido graso, la mayoría son ésteres formados entre los ácidos grasos y un alcohol como pueden ser el glicerol, alcoholes de cadena larga, esteroles etc., son de carácter hidrófobo y sus procesos de síntesis y degradación son lentos y reversibles (ver Figura 5.1).

FIGURA 5.1 Esterificación de un ácido graso

R-COOH   +   R - OH   ──────────▶   R-COO-R   +   H-OH

                            Esterificación

Ac. Graso   +   Alcohol   ──────────▶   Lípido   +   Agua

                            Hidrólisis

Por su estructura, los lípidos se clasifican en:

5.1.1 Ácidos grasos monocarboxílicos y derivados

Son de naturaleza química variada y se conjuntan en 3 clases especiales:

a) Ácidos grasos libres, ácidos carboxílicos alifáticos, de cadena corta (menos de 6C), media (entre 6-10 C) y larga (más de 12 C), de cadena saturada (lineal, ramificada y cíclica), insaturada, monoenóicos, polienóicos (conjugados y no conjugados) (Fig. 5.2).

FIGURA 5.2 Estructura de los ácidos grasos saturados e insaturados

$CH3 - CH2_{(n)} - COOH$	Ác. graso saturado
$CH3 - CH2 - CH = CH - CH2_{(n)} - COOH$	Ác. graso insaturado

b) Acilgliceroles, compuestos neutros formados por 1 molécula de glicerol esterificado con 1,2 ó 3 de ácidos grasos, conjugados (la gran mayoría, leche, cerdo, colza) y no conjugados (trioleínas, tripalmitinas, triestearina), se hidrolizan con lipasas ó sales inorgánicas (ver Figura 5.3).

c) Fosfoglicéridos, 1,2 diacil ésteres del ácido 3 glicerofosfórico enlazado a bases orgánicas u otras moléculas, forman parte de la membrana celular y también pueden desempeñarse como aditivos alimentarios, entre ellos se encuentran: la lecitina y la cardiolipina (ver Figura 5.4)

FIGURA 5.3 Estructura de la familia de acilgliceroles

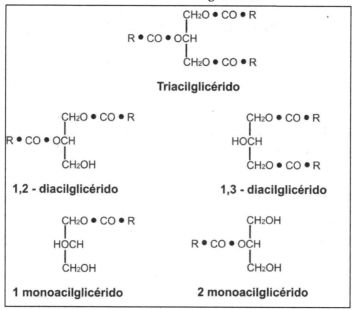

Triacilglicérido

1,2 - diacilglicérido

1,3 - diacilglicérido

1 monoacilglicérido

2 monoacilglicérido

FIGURA 5.4 Estructura de la lecitina

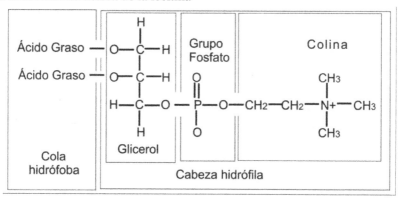

5.1.2 Ceras (alcoholes de alto peso molecular + ácidos grasos).

CH3-(CH2)24-COO-(CH2)29-CH3

5.1.3 Fosfolípidos (componentes de membranas y agentes emulsificantes) (ver Figura 5.5)

a) Fosfoglicéridos (un tercio del glicerol esterificado con ácido fosfórico)
b) Esfingomielinas (lecitina, dietanolamina, cardiolipina)
c) Esfingolípidos, esfingosina-aminoalcohol- (glucolípidos)

FIGURA 5.5 Estructuras de algunos fosfolípidos comunes

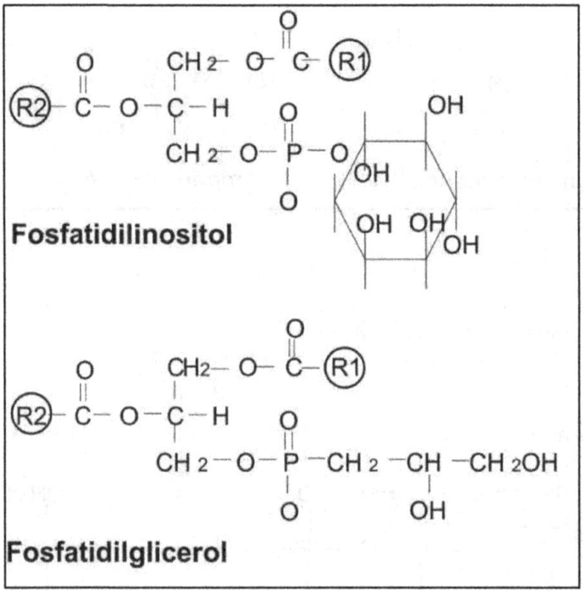

5.1.4 **Isoprenoides** (terpenos y esteroides) dan origen a las hormonas esteroideas, ácidos biliares y colesterol (ver Figura 5.6).

FIGURA 5.6 Estructuras del colesterol y del ácido cólico

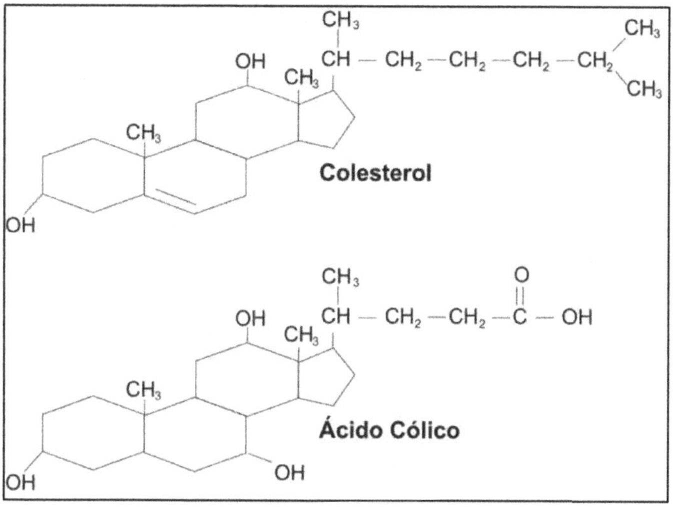

Principios básicos de bromatología para estudiantes de nutrición

CAPITULO 6

Hidratos de Carbono

6.1 Estructura

Originalmente, los hidratos de carbono fueron compuestos con la fórmula $C_n(H_2O)_n$. Aunque solo es efectiva para los monosacáridos ó azúcares simples, los cuales pueden tener de 3 a 6 átomos de carbono en su cadena denominándose triosas, tetrosas, pentosas y hexosas respectivamente

Cuando se descubrieron los hidratos de carbono complejos, el término cambió y se asociaron al de polihidroxi aldehídos y polihidroxi cetonas. Los hidratos de carbono se clasifican en:

6.1.1 Monosacáridos

Son los azúcares más sencillos, generalmente tienen entre 3 y 6 átomos de carbono, y se representan con las moléculas:

Los monosacáridos que tienen 5 ó más carbonos, se encuentran generalmente en formas cíclicas. La formación del anillo se produce en disolución acuosa debido a que los grupos aldehído y cetona reaccionan reversiblemente con los grupos hidroxilo presentes en el azúcar para formar hemiacetales ó hemicetales cíclicos.

FIGURA 6.1 Estructura de monosacáridos

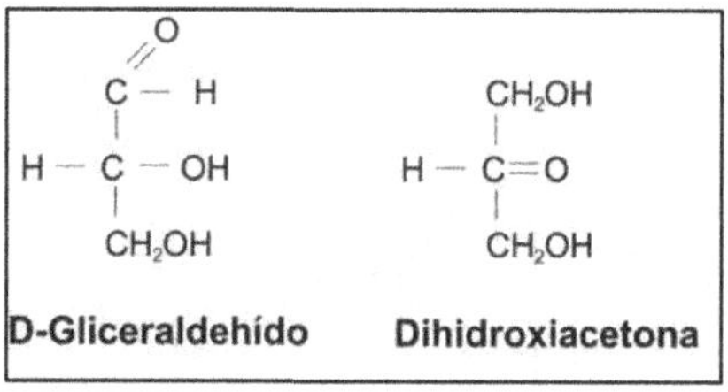

D-Gliceraldehído   Dihidroxiacetona

FIGURA 6.2 Representación cíclica (Haworth) de la D-glucopiranosa y de la D-fructofuranosa

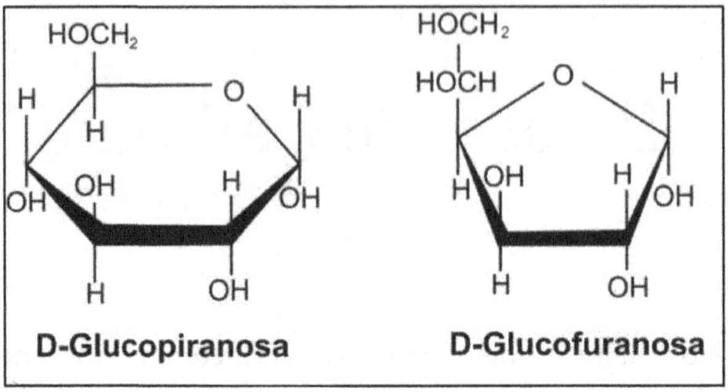

De acuerdo a la estructura ideada por el químico inglés W.N. Haworth, las aldohexosas se representan en base a la molécula del pirano mientras que las pentohexosas y las cetohexosas se representan de acuerdo a la molécula del furano (ver Figura 6.2).

6.1.2 Disacáridos y polisacáridos:

Son moléculas formadas por 2 ó más monosacáridos, en donde el grupo hidroxilo de un monosacárido se condensa con el grupo reductor de otro. Así se encuentran uniones entre los carbonos 1-2, 1-3, 1-4, 1-6 en posiciones tanto alfa como beta (ver Figura 6.3, 6.4 y 6.5).

FIGURA 6.3 Estructura química de la sacarosa

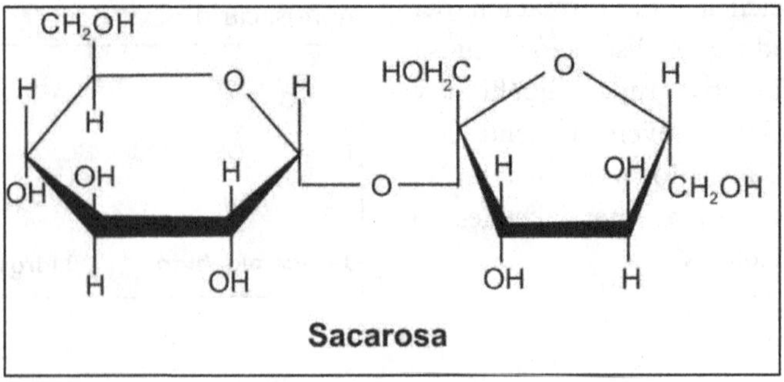

FIGURA 6.4 Estructura de la amilosa

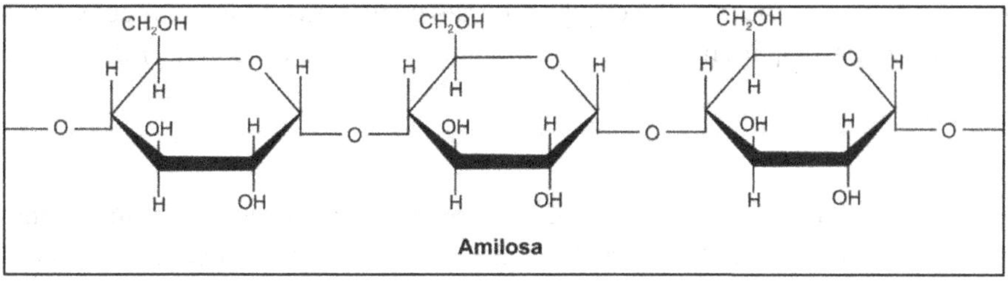

Amilosa

FIGURA 6.5 Estructura de la amilopectina

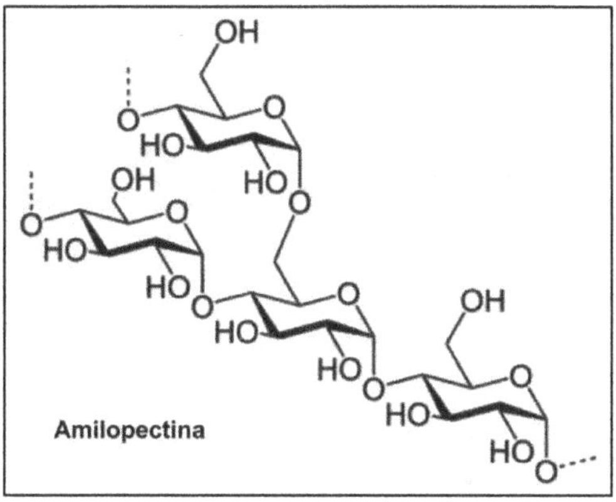

Amilopectina

6.2 Reacciones de los hidratos de carbono

Las reacciones típicas que presentan los aldehídos y las cetonas, son importantes para poder ser identificados y medidos, entre ellas se encuentran:

6.2.1 Mutarrotación interconversión de las formas alfa y beta al disolverse en agua, produce una mezcla de equilibrio en las estructuras de los componentes y éstos pueden participar en las reacciones de oxidación-reducción (ver Figura 6.6).

6.2.2 Reacciones de oxidación En presencia de un agente oxidante, iones metálicos y determinadas enzimas la oxidación de un grupo aldehído da lugar a un ácido aldónico, la de un alcohol terminal a un ácido urónico y la de ambos a un ácido aldárico (ver Figura 6.7).

FIGURA 6.6 Mutarrotación de la glucosa

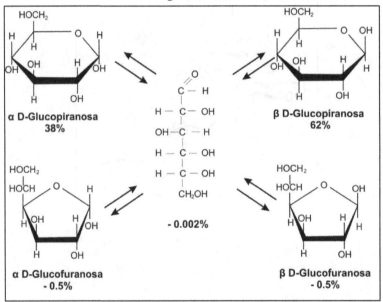

FIGURA 6.7 Ácidos obtenidos por oxidación de la glucosa

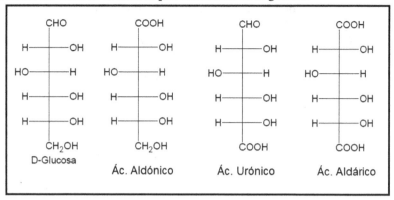

6.2.3 **Reacciones de reducción** Estas reacciones producen alditoles, también denominados azúcares alcoholes (ver Figura 6.8).

FIGURA 6.8 Reacciones de reducción, formación de D-Sorbitol a partir de D-glucosa

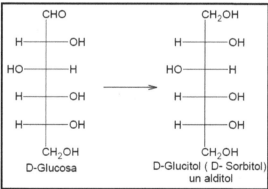

6.2.4 **Reacciones de isomerización** Esta reacción induce el desplazamiento intramolecular de un átomo de hidrógeno en soluciones.

6.2.5 Reacciones de esterificación Todos los grupos alcohol, forman ésteres por reacción con los ácidos, este hecho cambia las propiedades físico-químicas de los azúcares, entre los más comunes se encuentran los ésteres sulfato ó fosfato (ver Figura 6.9).

FIGURA 6.9 Formación de un éster a partir de un ácido y un alcohol

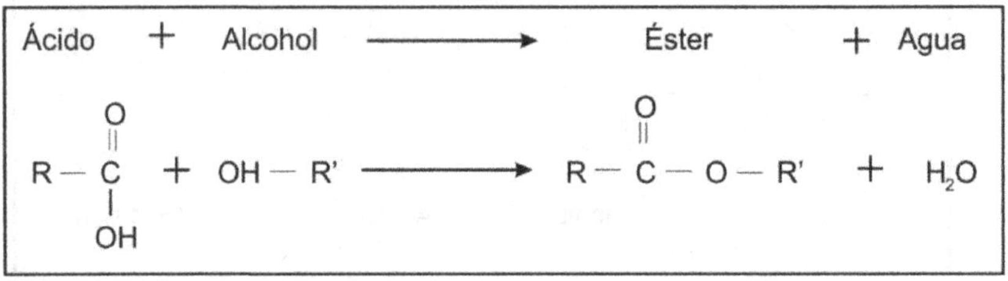

6.2.6 Formación de glucósidos Forman cetales ó acetales por acción del alcohol (ver Figura 6.10).

FIGURA 6.10 Formación de hemicetales y acetales

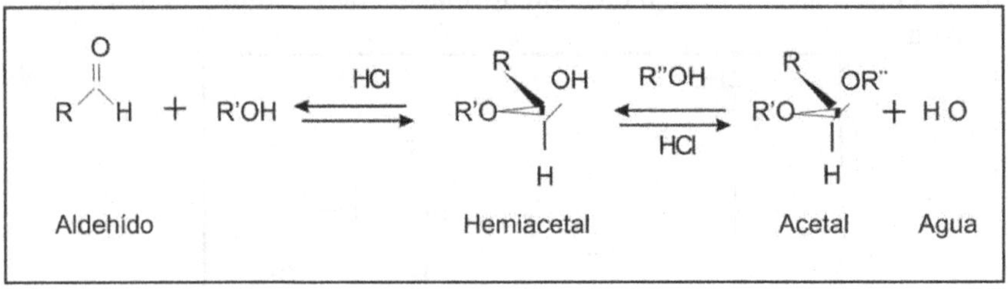

6.3 Fibra

La fibra dietética puede ser definida como el conjunto de todos los componentes de los alimentos que no son rotos por las enzimas del conducto alimentario humano para formar compuestos de masa molecular menor, capaces de ser absorbidos al torrente sanguíneo. El papel de la fibra indigerible del alimento o forraje indigesto en la dieta en el mantenimiento de la salud es ahora considerado tan importante nutricionalmente como los niveles de nutrimentos absorbibles en los alimentos.

La fibra como parte de los hidratos de carbono, se divide en fracciones tales como:

6.3.1 Polisacáridos estructurales (de las paredes celulares)

Celulosa: Es prácticamente un polímero lineal de unidades de glucosa unidas entre sí por enlaces $\beta1 \rightarrow 4$. Es el principal componente estructural de las paredes celulares de las plantas. Se considera relativamente insoluble en agua. Algunos polímeros pueden contener 10.000 unidades de glucosa. Los enlaces hidrógeno entre polímeros paralelos forman microfibrillas fuertes. Estas microfibrillas de celulosa proveen la fuerza y rigidez requerida en paredes celulares de plantas primarias y secundarias (ver Figura 6.11).

Hemicelulosas: Son un heterogéneo grupo de sustancias que contienen un número de azúcares en su columna vertebral y en los lados de la cadena. Xilosa. manosa y galactosa frecuentemente forman la estructura vertebral, mientras que la arabinosa galactosa y ácidos urónicos están presentes en los lados de la cadena. Las hemicelulosas por definición son solubles en álcalis diluidos, pero no en agua.

El tamaño molecular y el grado de ramificación son también altamente variables Una molécula típica de hemicelulosa contiene entre 50 y 200 unidades de azúcar. Las hemicelulosas son polisacáridos matrices que se enlazan junto a las microfibrillas de celulosa y forman enlaces covalentes con la

FIGURA 6.11 Modelo de celulosa, glucosas unidas por puentes de hidrógeno

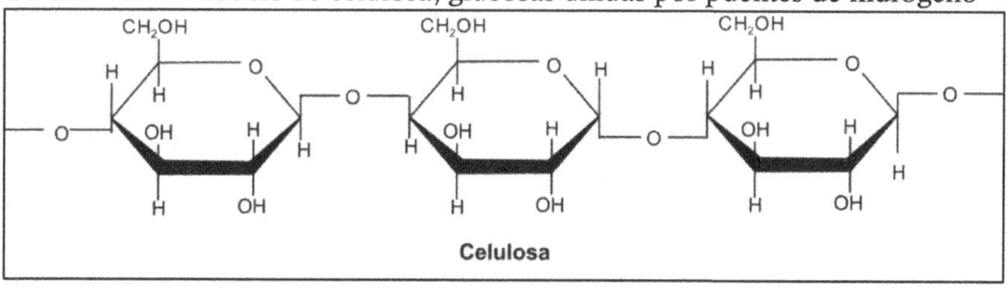

Celulosa

lignina.

Pectinas: Son ricas en ácidos urónicos, solubles en agua caliente y forman geles. La estructura esqueletal consiste de cadenas no ramificadas de enlaces 1→4 de ácido galacturónico (ver Figura 6.12). Los lados de la cadena pueden contener ramnosa, arabinosa, xilosa y fucosa La solubilidad es reducida por metilación de los grupos carboxilos libres y por formación de complejos de calcio y magnesio. Las pectinas similares a la hemicelulosa son polisacáridos matrices en las paredes celulares.

FIGURA 6.12 Estructura de la pectina

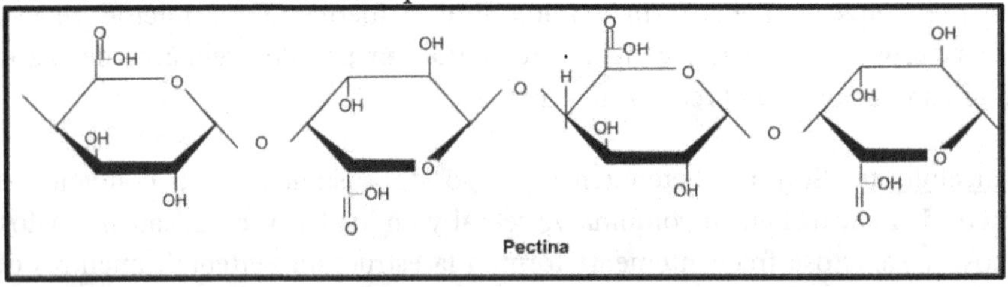

Pectina

β-Glucanos: Son polímeros de glucosa que contienen ambos, enlaces β1→3 y β1→4 en varias proporciones, dependiendo de la fuente, lo que hace a la molécula menos lineal que la celulosa y más soluble en agua.

Inulina: Es un polímero de fructuosa con uniones β1→2 y β1→6, es similar al almidón, soluble en agua y forma geles. No se metaboliza, no se une a proteínas plasmáticas y al eliminarse vía renal inhibe la reabsorción de sodio (ver Figura 6.13)

FIGURA 6.13 Estructura de la inulina

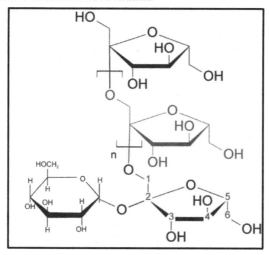

6.3.2 Polisacáridos no estructurales (no celulósicos)

Son probablemente los que están en mayor proporción en la mayoría de los alimentos, más aún que la celulosa o lignina. Entre ellos se incluyen hidrocoloides tales como:

- Mucílagos, son polímeros de carácter neutro ó ácido entre los que se encuentran las mal llamadas goma guar, de algarrobo o de tamarindo y que se encuentran en la avena y la cebada.
- Gomas, son polisacáridos formados por ácidos urónicos, azúcares y polisacáridos metilados, generalmente son exudados producto de la agresión al vegetal, entre ellas se encuentran la goma arábiga, de tragacanto y de karaya.
- Polisacáridos de algas. Los hidrocoloides son polisacáridos hidrofílicos que forman soluciones viscosas o dispersiones en agua fría o caliente, contienen una gran cantidad de azúcares neutros y ácidos urónicos. Incluyen a los polisacáridos de algas como son, agar, alginatos, y carragenina.

6.3.3 No polisacáridos estructurales (Lignina)

La lignina es un polímero tridimensional, no- hidrato de carbono que consiste aproximadamente de 40 unidades de fenol con enlaces intramoleculares fuertes (ver Figura 6.14).

La lignina se encuentra a menudo enlazada covalentemente a hemicelulosa. Contiene unidades de fenil propano derivadas de sipanil, coniferil y alcoholes p-coumarílicos. Son considerados muy inertes, insolubles y resistentes a la digestión.

Las frutas y verduras generalmente tienen niveles más altos de celulosa que los cereales. Algunas frutas, en las que la semilla es comestible tienen una proporción muy alta de lignina. La composición fibrosa de las plantas varía con la especie, la porción (raíz, tallo, hoja) y la madurez. El contenido de celulosa y lignina por ejemplo, se incrementan significativamente con la madurez de la planta. De acuerdo a como varían las funciones dentro de la planta varía la composición química de cada fracción.

FIGURA 6.14 Estructura generalizada de la Lignina

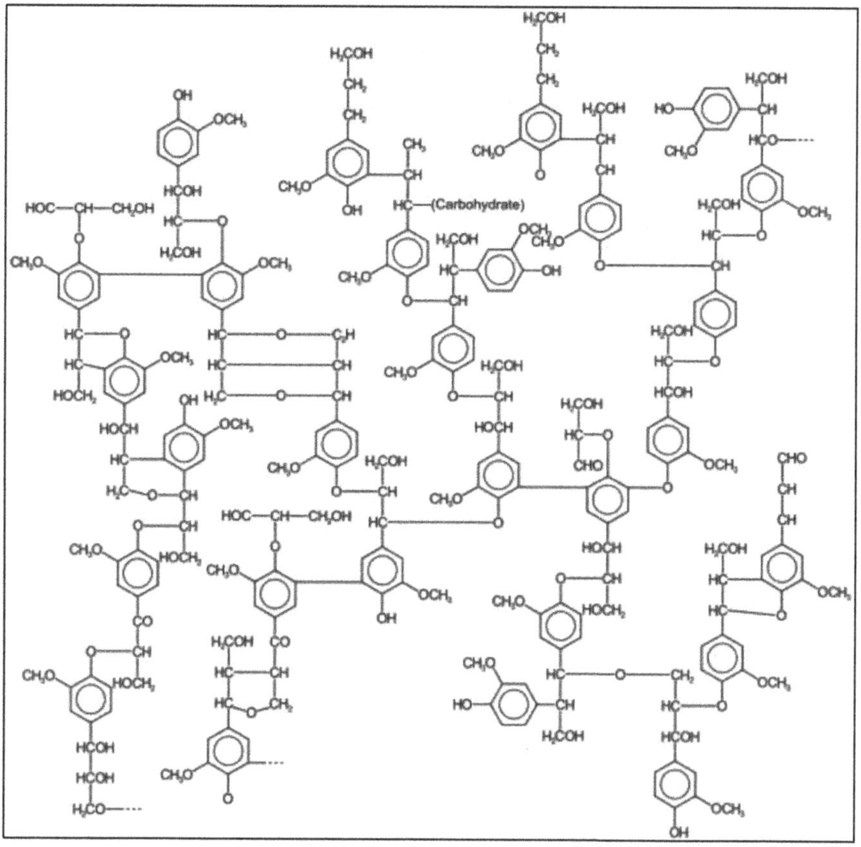

Principios básicos de bromatología para estudiantes de nutrición

CAPITULO 7

Minerales

7.1 Propiedades de interés bromatológico

Los elementos minerales constituyen una pequeña proporción (4%) de los tejidos corporales. Sin embargo, son esenciales como componentes formativos y en muchos fenómenos vitales.

a) Forman tejidos duros como los huesos y los dientes (calcio y fósforo).
b) Componentes de los líquidos corporales y tejidos blandos.
c) Control osmótico del metabolismo hídrico (sodio, cloro, potasio).
d) Acción catalizadora en sistemas enzimáticos (cobre, cobalto).
e) Parte de compuestos orgánicos corporales (hierro, yodo, cobalto, zinc, azufre).

Aquellos elementos minerales imprescindibles para el organismo suelen clasificarse en:

a) Macronutrimentos (iones de calcio, fósforo, potasio, azufre, cloro, sodio y magnesio).
b) Micronutrimentos u oligoelementos (iones de hierro, yodo, flúor, zinc, cobre, cromo, selenio, cobalto II y manganeso).

El término cenizas en las determinaciones bromatológicas, se refiere a los elementos minerales contenidos en los alimentos. Estos generalmente se encuentran formando parte de compuestos tanto orgánicos como inorgánicos, por lo que es difícil determinarlos a menos que los alimentos se sometan a incineración para destruir toda la materia orgánica, hecho que cambia la naturaleza de los minerales; las sales metálicas de los ácidos orgánicos, se convierten en óxidos ó carbonatos o bien reaccionan durante la incineración para formar fosfatos, sulfatos ó haluros, aunque algunos elementos como el azufre, cloro ó halógenos, pueden perderse por volatilización, lo que determina el cuidado que debe tenerse en cuanto a la temperatura, tiempo y método de incineración que se emplearán en su medición.

7.2 Contenido de cenizas en los alimentos

El contenido de cenizas de la mayoría de los alimentos frescos raramente es mayor de 5%. Aceites puros y grasas generalmente contienen poca cantidad o nada de cenizas.

Los productos tales como tocino puede contener 6% de cenizas y la carne seca de res puede poseer un contenido tan alto como 11.6% (base húmeda). Grasas, aceites y mantequillas varían de 0.00 a 4.09%; mientras que los productos secos contienen de 0.5 a 5.1%, frutas, jugo de frutas y melones contienen de 0.2 a 0.6% de cenizas; mientras que las frutas secas contienen de 2.4 a 3.5%, las harinas y comidas diversas varían de 0.3 a 1.4%. El almidón puro contiene 0.3% y el germen de trigo 4.3% se podría esperar que el grano y sus derivados con salvado tendrían un contenido superior. Nueces y derivados contienen de 0.8 a 3.4% de cenizas; mientras que la carne, aves y alimentos marinos poseen entre 0.7 y 1.3% de cenizas.

La concentración de minerales en los alimentos, está relacionado con su contenido de macromoléculas, así, alimentos pobres en proteínas y ricos en hidratos de carbono, tienen más calcio que fósforo; los alimentos ricos en grasas, contienen cantidades proporcionales de calcio y fósforo, mientras que los alimentos proteicos contienen menos calcio que fósforo.

CAPITULO 8

Vitaminas

Las vitaminas se consideran micronutrimentos indispensables porque se requieren en cantidades pequeñas y el organismo no tiene la capacidad de sintetizarlas en la medida que se requieren. En los alimentos se consideran microcomponentes difíciles de extraer, en ambos casos actúan como coenzimas y cofactores ejerciendo una función reguladora y protectora.

En cuanto a su estructura, las 13 vitaminas existentes son muy heterogéneas por lo que se clasifican de acuerdo a sus características de solubilidad como:

8.1 Vitaminas liposolubles entre las que se encuentran:

- La vitamina A (retinol) y sus precursores los carotenos (provitamina A).
- La vitamina D (colecalciferoles).
- La vitamina E (α, β, γ tocoferol).
- La vitamina K ($_{1-4}$ Naftoquinonas).

Este grupo de vitaminas, están compuestas de carbono, hidrógeno y oxígeno (ver Figura 8.1), son derivadas del isopreno, solubles en lípidos, se absorben en tracto gastrointestinal en forma de micelas, se acumulan en pequeñas cantidades en el organismo y se excretan en las heces.

Son sensibles a elevadas temperaturas, al oxígeno y parcialmente al calor, con pérdidas que van desde el 5% hasta el 50% en los procesos tecnológicos y culinarios (ver Tabla 8.1).

TABLA 8.1 Grado de sensibilidad vitaminas liposolubles

Liposolubles	Calor	Oxígeno	Luz	Pérdida %
A	Sensible	Sensible	Sensible	5 – 40
D	Sensible	Sensible	Sensible	8 – 40
E	Estable*	Sensible	Sensible	10 – 50
K	Estable*	Estable*	Sensible	10 – 12

*Estabilidad relativa en comparación con otras vitaminas

FIGURA 8.1 Estructura de vitaminas liposolubles

Vitaminas Liposolubles

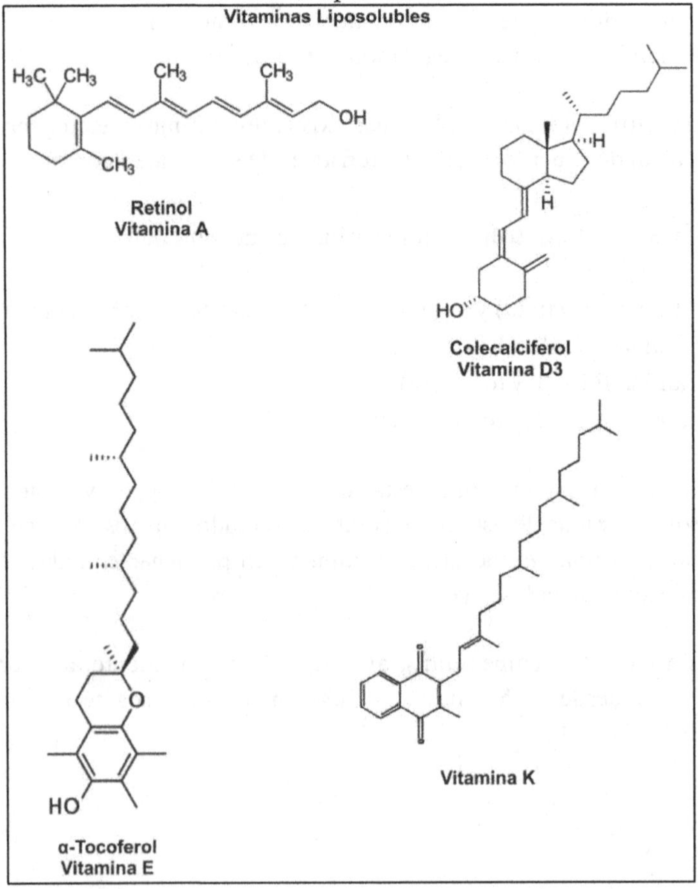

8.2 Vitaminas hidrosolubles

En este grupo se encuentran las vitaminas del complejo B y la vitamina C, dentro de su composición tan diversa se encuentran además de carbono, hidrógeno y oxígeno, los elementos nitrógeno, azufre, fósforo y cobalto (ver Figura 8.2). Como su nombre lo dice son solubles en agua, se absorben y excretan de forma relativamente rápida y participan en diversas reacciones enzimáticas, particularmente en los procesos de síntesis de colágeno y metabolismo de hidratos de carbono. Generalmente se encuentran juntas en los alimentos y son muy sensibles a los cambios de pH, calor, oxígeno y luz con pérdidas que van de 10% a 60% u 80% particularmente en los procesos culinarios y tecnológicos (ver Tabla 8.2).

TABLA 8.2 Grado de sensibilidad vitaminas hidrosolubles

Hidrosolubles	Calor	Oxígeno	Luz	Pérdida %
C	Muy sensible	Muy sensible	Muy sensible	20 – 80
B1	Muy sensible	Muy sensible	Muy sensible	15 – 60
B2	Estable a pH ácido	Estable a pH ácido	Muy sensible	10 – 15
B3	Estable*	Estable*	Estable*	15 – 25
B5	Sensible	Estable*	Estable*	10 – 30
B6	Estable*	Estable*	Sensible	20 – 40
B8	Estable*	Estable*	Estable*	10 – 15
B12	Estable*	Estable*	Sensible	10 – 15
Ácido fólico	Muy sensible a pH ácido	Sensible	Sensible	10 – 20

* Estabilidad relativa en comparación con otras vitaminas

FIGURA 8.2 Estructura de vitaminas hidrosolubles

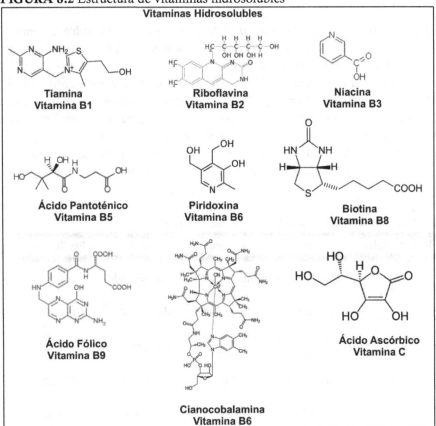

Vitaminas Hidrosolubles

Tiamina
Vitamina B1

Riboflavina
Vitamina B2

Niacina
Vitamina B3

Ácido Pantoténico
Vitamina B5

Piridoxina
Vitamina B6

Biotina
Vitamina B8

Ácido Fólico
Vitamina B9

Cianocobalamina
Vitamina B6

Ácido Ascórbico
Vitamina C

Principios básicos de bromatología para estudiantes de nutrición

Parte IV

Estudio bromatológico de los principales nutrimentos

Principios básicos de bromatología para estudiantes de nutrición

CAPÍTULO 9

Métodos de análisis de alimentos

Los métodos usados para caracterizar y cuantificar compuestos se clasifican en químicos e instrumentales. En los primeros generalmente hay interacción materia-materia, o sea, reacciones químicas y el compuesto interés finalmente se cuantifica a través del uso de instrumentos como la balanza analítica (análisis gravimétrico) o la bureta graduada (análisis volumétrico). En los segundos pueden darse reacciones pero están basados en el aprovechamiento de las interacciones materia-energía que se dan entre algún compuesto de interés y alguna fuente de radiación; se caracterizan por el uso de algún instrumento específico, diferente a la bureta o a la balanza, como son cromatógrafos, espectrofotómetros, refractómetros, polarímetros, entre otros. En este capítulo haremos mención de las técnicas gravimétricas, volumétricas, refractométricas y polarimétricas.

9.1 Gravimetría

La gravimetría se refiere a mediciones en masa (unidades de peso como el gramo), para este efecto son particularmente útiles las reacciones de precipitación, en donde se tiene la solución de una muestra previamente medida, a la cual se le añade un disolvente adecuado más el reactivo que se va a analizar y que precipita, de esta manera se separa un precipitado y se pesa.

Los cálculos se fundamentan en el contenido en masa de la muestra y compuestos que se obtengan de la misma, acordes a su naturaleza química y las cantidades de los elementos o compuestos que intervienen en una reacción.

Ejemplo: se desea obtener una cantidad de cloruro de plata (AgCl) la reacción será la siguiente:

$AgNO_3$	+	$NaCl$	$\rightarrow$	$AgCl$	+	$NaNO_3$	
1 mol	+	1 mol	$\rightarrow$	1 mol	+	1 mol	
169 g	+	58.5 g	$\rightarrow$	142.5 g	+	85 g	*(ecuación 43)*

En la ecuación 43, se observa que por cada 169 g de nitrato de plata y 58.5 g de cloruro de sodio, precipitan 142.5 g de cloruro de plata.

9.2 Volumetría

La titulación es un mecanismo que emplea las reacciones de equilibrio ácido-básicas o de óxido-reducción a fin de determinar las concentraciones de los componentes de una solución. Los pasos a seguir en la técnica son relativamente sencillos, se mide con una bureta el volumen de una solución ácida ó básica estandarizada (de concentración conocida) para hacerla reaccionar exactamente con un volumen previamente medido de la base ó el ácido desconocidos, cuya concentración se desea determinar.

Esta reacción de equilibrio, generalmente está mediada por el uso de indicadores (colorantes orgánicos, que cambian de color según estén en presencia de una sustancia ácida o alcalina) y en menor grado por aparatos adecuados de medición del pH.

9.2.1 Titulación de un ácido fuerte con una base fuerte

En este tipo de titulación, el punto de equivalencia se alcanza a pH neutro, de acuerdo al número de moles de compuesto a valorar que reaccionan con los moles del compuesto de concentración conocida.

Ejemplo: Valorar la concentración de una solución de sosa (NaOH) con una solución de ácido clorhídrico (HCl) 1M

$$\text{Ej.} : NaOH + HCl \rightarrow NaCl + H_2O$$

$$1 \text{ mol} + 1 \text{ mol}$$

9.2.2 Titulación de un ácido débil con una base fuerte ó viceversa

Depende de las constantes de disociación de los compuestos a valorar.

Una constante de disociación muy pequeña, dificulta encontrar el punto de equivalencia de la reacción que se encontrará en un pH básico en el primer caso (ácido débil-base fuerte) y un pH ácido al valorar una base débil con un ácido fuerte. Por ejemplo:

$$NH_3 + HCl \rightarrow NH_4Cl$$

A partir de llegar al punto de equivalencia, el pH se modifica de manera más pronunciada por lo que adquiere relevancia el uso de indicadores de los cambios de pH.

9.2.3 Titulación por óxido-reducción

La base de estos métodos es en general la misma que para los descritos como de neutralización, pero debe señalarse que mientras en estos últimos, ninguno de los iones participantes cambia su valencia, en las reacciones de óxido-reducción, se sabe que hay pérdida o ganancia de uno o más electrones según se oxiden o reduzcan los iones participantes en la reacción.

Un elemento que se oxida fácilmente puede ser valorado (cuantificado) por medio de un oxidante de manera muy semejante a como se hace para valorar una base con un ácido, solo que en este caso se trata de medir los iones de un elemento de la solución valoradora que se consumen en la reacción hasta llegar al punto de equivalencia.

Entre los oxidantes de uso frecuente en las valoraciones redox se encuentran, el yodo I_2, el ión dicromato $(Cr_2O_7^=)$ y el permanganato de potasio $(KMnO_4)$, en el cuál, el manganeso (Mn) cambia su estado de oxidación de una valencia 7^+ a una valencia 4^+ o 2^+ que se manifiesta por una coloración rosa permanente en medio ácido.

9.3 Técnicas instrumentales de análisis

Los métodos usados para caracterizar y cuantificar compuestos se clasifican en químicos e instrumentales. En los primeros generalmente hay interacción materia-materia, o sea, reacciones químicas y el compuesto interés finalmente se cuantifica a través del uso de instrumentos como la balanza analítica (análisis gravimétrico) o la bureta graduada (análisis volumétrico).

FIGURA 9.1 Esquema general de una Técnica Instrumental

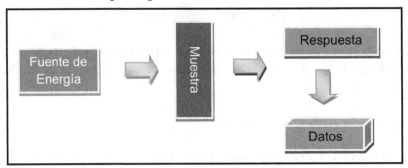

En los segundos pueden darse reacciones pero están basados en el aprovechamiento de las interacciones materia-energía que se dan entre algún compuesto de interés y alguna fuente de radiación; se caracterizan por el uso de algún instrumento específico, diferente a la bureta o a la balanza.

Los métodos instrumentales incluyen técnicas ópticas en las cuales se aprovecha la capacidad de la materia de interaccionar con la radiación electromagnética (luz).

Las técnicas ópticas más utilizadas en el análisis de alimentos se clasifican como sigue:

- **Métodos espectroscópicos.** Comprenden un conjunto de técnicas analíticas que se basan en el intercambio de energía entre la radiación electromagnética y la materia. Dentro de estos métodos se encuentran la Espectrofotometría UV-vis, Espectrofotometría de absorción atómica, Fotometría de llama, Fluorescencia de rayos x, Fluorescencia atómica, Espectrometría de masas entre otras.
- **Métodos no espectroscópicos.** Comprenden un conjunto de técnicas analíticas que se basan no en el intercambio de energía, sino en los cambios de dirección de la radiación, entre ellas están:
- **Técnicas basadas en la refracción de radiación:**
  Refractometría
- **Técnicas basadas en la rotación óptica:**
  Polarimetría

9.3.1 Refractometría

Cuando un haz de luz pasa de un medio (aire) a otro (solución), cambia de dirección, entonces se dice que se dobla o se refracta (ver Figura 9.2). Este doblez que sufre el rayo de luz se llama **índice de refracción** y se relaciona con la concentración de una sustancia en la solución.

FIGURA 9.2 Esquematización de la refracción de la luz

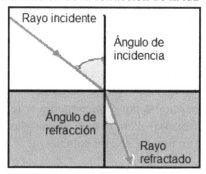

En términos matemáticos, se define como el cociente de la velocidad de la luz en el aire y la velocidad de la luz en el medio en el que incide. Se simboliza con la letra n y se trata de un valor adimensional.

El índice de refracción de una sustancia se calcula con la fórmula:

$$n = c \, / \, v$$

Donde:
- n: índice de refracción de la sustancia
- c: la velocidad de la luz en el aire   (c = 1)
- v: velocidad de la luz en el medio cuyo índice se calcula.

TABLA 9.1 Índices de refracción de algunas sustancias a 20°C

Sustancia	Índice de Refracción
Aire	1.00029
Agua	1.33300
Alcohol Etílico	1.36000
Solución de azúcar (30%)	1.38000
Solución de azúcar (80%)	1.52000

Es una técnica que se implementó en la industria azucarera para conocer el grado de refinamiento del azúcar.

Hoy en día la refractometría constituye un medio valioso para conocer la autenticidad de grasas y aceites, para la determinar el contenido de agua en la miel, la adulteración de la leche con agua o para examinar alimentos que estén formados principalmente por azúcar (sacarosa) o mezclas simples de azúcares, como es el caso de confituras, miel, jarabe de almidón, jugos, zumos, néctares, etc. La concentración de sacarosa por refractometría se reporta como grados Brix (porcentaje en peso de sacarosa). Para el caso de mezclas de azúcares simples se reporta como porcentaje en peso de sólidos solubles.

La Figura 9.3 ilustra el instrumento que se utiliza para medir el índice de refracción y/o concentración de sacarosa es un sistema óptico conocido como **Refractómetro** que mide el ángulo que se ha desviado el rayo de luz cuando incide en un *prisma fijo de iluminación sobre el cual se coloca la muestra y un prisma móvil detecta la refracción, por lo que el rayo que sale ya no es paralelo al rayo que incide (ver Figura 9.4).

Estos prismas están hechos a base de sodio por lo que sólo seleccionan ondas de 589nm de longitud emitidas por el sodio.

FIGURA 9.3 Refractómetro Abbé

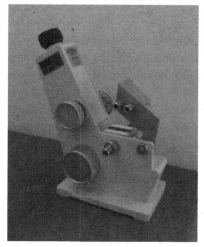

FIGURA 9.4 Refracción de la luz en un prisma

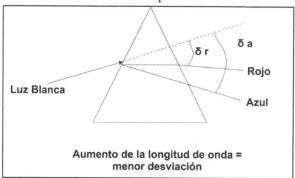

*Un prisma es un objeto transparente con superficies planas y pulidas no paralelas.

El equipo posee dos escalas numéricas: una que corresponde al índice de refracción y otra que representa la concentración de azúcar en grados Brix.

Se toma como referencia el índice de refracción del agua a 20°C que es de 1.3330. La concentración de sólidos solubles en las soluciones determinarán menor o mayor desviación del rayo de luz y por tanto el índice de refracción variará.

A través del ocular del refractómetro se puede observar un campo visual y por debajo de éste dos escalas numéricas: una que corresponde al índice de refracción y otra que representa la concentración de azúcar en grados Brix.

Al colocar una muestra líquida sobre el equipo se verá una parte del campo visual iluminada que indica el reflejo de la luz que hace contacto con la muestra; y un área oscura que representa la luz refractada ó desviada.

Para lograr conocer el índice de refracción de esa muestra, se tiene que encontrar el punto medio entre el campo iluminado y el oscuro (Figura 9.5).

FIGURA 9.5 Campo ajustado y escala de lectura

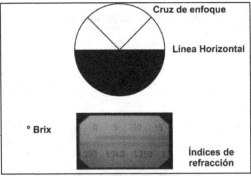

Antes de colocar la muestra a analizar, el equipo se debe calibrar o ajustar con una solución de referencia que es agua destilada a 20°C. Al encontrar el punto medio entre ambos campos observamos que la escala de índice de refracción da una lectura de 1.3330 y 0 en la escala de concentración de azúcar.

El índice de refracción varía con la temperatura por lo que es importante hacer circular a través de los prismas agua a la temperatura de trabajo. Esta operación es esencial para determinar el índice de aceites y grasas que tienen que ser examinados a 40°C.

Las lecturas deben hacerse siempre por duplicado o triplicado y la prueba tiene que repetirse con nuevas porciones de la muestra. Trazas de agua afectan notablemente las lecturas.

GUÍA RÁPIDA PARA EL USO DEL REFRACTÓMETRO ABBÉ

1. Saca el equipo y colócalo en una superficie plana cuidando que exista buena iluminación.
2. Gira la perilla del lado izquierdo para liberar el seguro, de manera que se eleve el prisma secundario.
3. Retira cuidadosamente los protectores del prisma y del lente.
4. Limpia los prismas con agua destilada y seca perfectamente con una tela suave o pañuelo, teniendo cuidado de no tocar los prismas con los dedos.
5. Distribuye la muestra sobre el prisma primario.
6. Cierra el prisma secundario y asegúralo girando la perilla del lado izquierdo.
7. Toma la lectura mediante el ajuste de las lecturas del lado derecho. La superior clarifica la imagen y la inferior busca el campo.

NOTA: La lectura es correcta, cuando el campo se vea cómo en la Figura 9.5

9.3.2 Polarimetría

Es una técnica que se basa en la medición de la **rotación óptica** que sufre un haz de luz polarizada al pasar por una sustancia ópticamente activa.

La actividad óptica de una sustancia tiene su origen en la asimetría estructural de sus moléculas, es decir, moléculas con átomos quirales o asimétricos presentarán capacidad de giro. Los azúcares simples como glucosa, fructosa, sacarosa y lactosa tienen átomos quirales (Figura 9.6).

FIGURA 9.6 Ejemplos de moléculas con átomos quirales: carbono 2 del D-gliceraldehído; carbonos 2, 3, 4 y 5 de la D-glucosa.

```
        C — H                    C — H
        |                        |
 H — C —[OH]            [HO]— C — H
        |                        |
      CH₂OH                    CH₂OH

 D-Gliceraldehído      L-Gliceraldehído
```

De forma similar son moléculas quirales las que tienen igual fórmula química pero sólo alguno de sus átomos difiere en su disposición espacial; son imágenes especulares entre sí y se conocen como enantiómeros (ver Figura 9.7).

Este fenómeno se detecta cuando un haz de luz polarizada experimenta una rotación o giro al atravesar una sustancia ópticamente activa.

FIGURA 9.7 Imágenes especulares (enantiómeros)

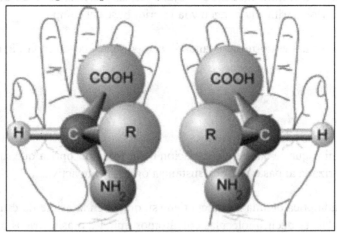

¿A que se le llama luz polarizada?

La luz natural, la procedente del sol, vibra en cualquier momento en todas las direcciones del espacio, posee pues infinitas direcciones de vibración. Estas direcciones se pueden representar vibrando dentro de un plano perpendicular a la dirección de propagación. Entonces esta luz normal es no polarizada, porque sus partículas de energía llamadas fotones se emiten de forma aleatoria. Cuando la luz atraviesa un filtro polarizador como un prisma de nicol, se dice que se polariza, es decir, vibra en una sola dirección (ver Figura 9.8).

FIGURA 9.8 Polarización de la luz

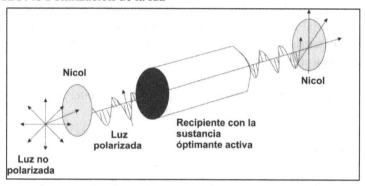

Al pasar un haz de luz polarizada a través de una sustancia ópticamente activa contenida en un tubo de vidrio especial, el plano de polarización se gira hacia la derecha o izquierda en un grado que es característico de esa sustancia y proporcional a su concentración.

El equipo utilizado se conoce como **Polarímetro** el cual consta de una fuente luminosa que generalmente es una lámpara de sodio, un filtro monocromador que selecciona ondas de 589nm de longitud emitidas por el sodio, un polarizador (prisma de carbonato de calcio llamado prisma de Nicol en honor a su descubridor), un tubo de vidrio donde se coloca la muestra analizar y un analizador que detecta la posición del plano resultante y la compara con su posición original, siendo la diferencia de rotación equivalente a la cantidad de sustancia de interés.

Cuando la sustancia ópticamente activa gira el plano de luz hacia la derecha del observador se dice que es una sustancia dextrógira (del griego *"dexios"* hacia la derecha) y se identifica con un signo positivo (+). Entonces una sustancia que hace girar el plano de luz hacia la izquierda del observador, se le nombra levógira (del latín *"laevus"*, hacia la izquierda) y se identifica con un signo negativo (-).

La polarimetría se emplea en la industria de alimentos para medir la concentración de azúcares como glucosa, fructosa en jarabes, mermeladas, jugos, lactosa en leche, lactosa y sacarosa en leche condensada.

También se puede conocer el contenido de almidón en alimentos, sometiendo la muestra a una hidrólisis previa para obtener glucosas. En medicina está siendo evaluado como un método para medir la concentración de azúcar en sangre. En química se utiliza para conocer la pureza de soluciones; así como para identificar compuestos ópticamente activos.

De acuerdo con la Escala Internacional del Azúcar, la diferencia de rotación se expresa en grados angulares (°A) ó grados (°Z).

Escala internacional del azúcar.

Es aceptada mundialmente para medir el contenido de sacarosa. Una solución de 26 g de sacarosa pura disueltos en agua para hacer 100 mL y medida en un tubo de observación de 200 mm long, da una lectura de 100°Z que son equivalentes a 34.626 grados angulares o ángulo de rotación (Å). Por lo tanto 1°Z equivale a 0.34626 Å y 1Å equivale a 2.8880°Z.

GUÍA RÁPIDA PARA EL USO DEL POLARÍMETRO POLAX 2L-ATAGO

FIGURA 9.9 Polarímetro Polax 2L- Atago

Procedimiento de Calibración

1. Conecta y enciende el polarímetro con el switch de encendido de la parte trasera del aparato.
2. Llena un tubo de observación con agua destilada y colócalo en la parte central del espacio del portamuestra. Baja la cubierta.
3. Cerciórate de que la lámpara del switch **ZERO SET** esté encendida. Si no lo está mantén presionados al mismo tiempo el switch **TEMP** y el **ROTATE** derecho o izquierdo hasta que la lámpara se encienda.
4. Iguala el brillo de los campos semicirculares derecho e izquierdo con los switch ROTATE:

 Cuando el semicírculo derecho sea el más brillante presiona **ROTATE** para ecualizar el brillo con el lado izquierdo.

 Cuando el semicírculo izquierdo sea el más brillante presiona **ROTATE** para igualar el brillo con el lado derecho.

5. La línea que divide los dos campos del círculo deberá estar en posición vertical, en este momento presiona el switch **ZERO SET.**
6. Asegúrate de que la pantalla digital despliegue el valor 0.0.

NOTAS:

- El procedimiento de calibración deberá realizarse cada vez que se encienda el polarímetro.
- Si cualquier switch no se ha oprimido por más de 5 minutos, los campos translúcidos semicirculares desaparecen, presiona el switch **TEMP** para encender el iluminador otra vez.

Procedimiento de medición.

1. Coloca el tubo de observación conteniendo la muestra y baja la cubierta.
2. Observa los campos a través del ocular, se verán con diferente brillo. Cuando el campo derecho es más brillante (muestra que rota a la derecha), presiona continuamente el switch ROTATE R+ y los campos semicirculares gradualmente cambiarán.
3. Cuando el campo izquierdo es el más brillante (muestra que rota a la izquierda), presiona continuamente el switch **ROTATE L-** y los campos semicirculares gradualmente cambiarán:

Cuando la pantalla
indica 0°

Toma la lectura en
este punto

NOTAS:

- El rango correcto de medición para la Escala Internacional del Azúcar es -130°Z a 130°Z.

- Para igualar el brillo de los campos con más rapidez presiona juntos los botones **TEMP** y **R+** o **L-** y cuando se aproximen sólo oprime R+ o L- según sea.

- Se recomienda hacer de 3 a 5 lecturas de una sola muestra y obtener un valor medio.

- Cuando al colocar la muestra los campos son muy parecidos en brillo, presiona R+ o L- hasta igualarlos (en este caso el valor será cercano a 0°Z).

- En caso de que se dificulte encontrar el punto de igualdad de brillo por una excesiva rotación del campo, presiona continuamente el switch TEMP y ROTATE R+ o ROTATE L- hasta que la pantalla despliegue 0.0; en este punto nuevamente intenta igualar los campos.

- Para muestras con alta transparencia se recomienda usar tubos de 200 mm de longitud y para muestras coloreadas o turbias el de 100 mm.

- Cuando termines de usar el polarímetro y antes de apagarlo, asegúrate de presionar el switch TEMP y R+ o L- juntos hasta llevar la pantalla digital a 0.0. Esto permitirá realizar con más facilidad la calibración la próxima vez que enciendas el equipo.

- Si quieres conocer la temperatura generada en el portamuestras mantén oprimido TEMP por 2 segundos o más y la pantalla desplegará la temperatura. Cuando sueltes el switch aparecerá el último valor medido.

- Si la concentración de la muestra es muy alta de tal forma que se enturbia, deja el tubo en el portamuestras por algunos minutos hasta estabilizarla.

- Si es una muestra muy turbia por su composición puedes filtrarla tanto como el método lo permita.

- Si la cantidad de muestra disponible es poca usa un tubo de microobservación de capacidad 1 a 1.5 mL.

- Para evitar errores de lectura por efectos de mutarrotación deja reposar la muestra toda una noche.

Principios básicos de bromatología para estudiantes de nutrición

CAPÍTULO 10

Estudio bromatológico del agua

10.1 Propiedades de interés bromatológico del agua

El papel activo del agua, no queda solamente en la estructura sino que alcanza el propio funcionamiento de la célula viva por su capacidad de formar ordenados agregados transitorios que interaccionan activamente con las macromoléculas, posibilitan la organización de la red microtubular, determinan la fluidez en el interior de las células y contribuyen al ensamblaje y organización de las diversas macromoléculas en los tejidos.

El reconocer la presencia del agua en los alimentos, es fundamental para entender las características de los mismos, tanto como los principios aplicables a la tecnología de producción y conservación.

Debido a que el agua actúa como sistema disolvente de una gran cantidad de estructuras moleculares específicas: sales, ácidos orgánicos, azúcares, polisacáridos hidrofílicos y proteínas, con los que dan lugar a diversos sistemas coloidales, cuyas propiedades dependen de la capacidad de hidratación de cada componente individual y llegan a ser responsables de modificaciones en las apreciaciones del grado de elasticidad ó sapidez y a determinar las normas legales de identidad, aceptabilidad, conservación, calidad, entre otros.

Los efectos del contenido acuoso de un alimento sobre su textura e inocuidad, se hacen notar a través de parámetros fisicoquímicos tales como viscosidad, elasticidad ó turbidez, mismos que pueden evaluarse por medio de técnicas objetivas:

- En las frutas, la textura está relacionada con la turgencia (función de la presión osmótica en los vegetales) y puede ser un índice del grado de maduración.

- Los embutidos cárnicos se pueden clasificar en secos ó acuosos de acuerdo a la cantidad de agua que retienen, según la tecnología empleada en su elaboración.

- En emulsiones como la mayonesa, la cantidad de agua empleada llega a ser crítica y marca la estabilidad del sistema, pues éstas resultan inestables cuando el porcentaje de agua supera el 15%.

- En los procesos de congelación de alimentos, deberá tomarse en cuenta que el hielo es menos denso que el agua líquida y tiene menor conductividad térmica, de tal manera que la formación de una capa de hielo en la superficie de los líquidos ó en la parte externa de los sólidos que afectan solo al agua libre, reducen la taza de congelación.

- De igual manera, los procesos de secado ó deshidratación, deberán tomar en cuenta que el vapor de agua es más ligero que el aire seco y que el agua tiene un calor específico más elevado que cualquier compuesto ya sea orgánico ó inorgánico (excepto el amonio) por lo que el calentamiento y enfriamiento en la industria alimentaria requiere de una gran cantidad de energía.

- La actividad acuosa, se manifiesta en los procesos de descomposición del alimento, según la cantidad de agua disponible para el desarrollo de los diversos microorganismos.

10.2 Métodos de medición del contenido de agua en los alimentos

Los métodos para medir el agua en los alimentos, no se pueden considerar muy exactos y dependen del tratamiento experimental que se aplique, ya sea por desecación en estufa (ver Figura 10.1), deshidratación en desecador a temperatura ambiente, destilación con disolventes (ver Figura 10.2 y 10.3) ó métodos químicos (Karl Fisher).

Para determinar humedad, los recipientes más apropiados son las cápsulas de níquel, acero inoxidable ó de porcelana con sus respectivas tapaderas, la temperatura de desecación aproximada es de 105°C para la mayoría de los alimentos excepto para los productos que contienen azúcar que pueden descomponerse a temperaturas superiores a 70°C, por lo que se aconseja utilizar una estufa de vacío.

Los productos más húmedos ó higroscópicos, deberán mezclarse con algún material de soporte (celita y/o arena lavada con ácido) para facilitar la desecación al aumentar la superficie de evaporación.

La determinación de humedad verdadera, particularmente en productos deshidratados, se realiza por el método de Karl Fisher, el cual depende de la reacción entre el yodo y dióxido de azufre en presencia de agua (ver Figura 10.4).

10.2.1 Desecación en estufa
AOAC 16th Ed. Método 934.01 y 930.15

FIGURA 10.1 Metodología para determinar contenido de agua mediante desecación en estufa

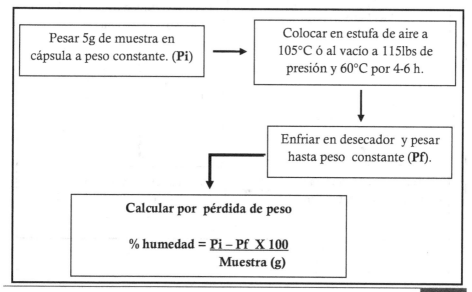

10.2.2 Destilación con solventes

Método Bidwell Sterling. AOAC 18th Ed. Método 986.21

Mide el volumen de agua liberada por la muestra cuando se destila con un solvente inmiscible, formando un azeótropo que se recoge en un sistema de condensación a un tubo calibrado donde se hace la lectura del agua colectada a la temperatura determinada, y consultando la densidad del agua a la misma temperatura se puede conocer su masa.

FIGURA 10.2 Metodología para determinar contenido de agua mediante destilación con solventes

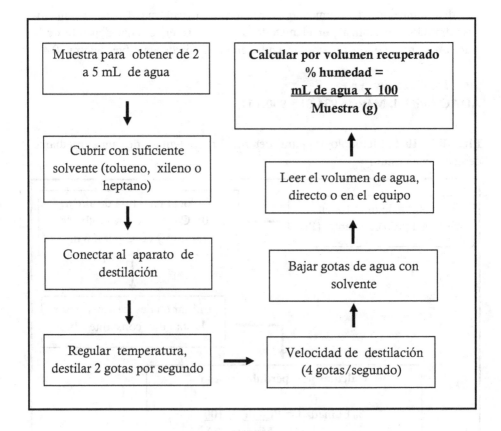

10.2.3 Destilación con disolventes

FIGURA 10.3 Metodología para determinar contenido de agua mediante destilación con disolventes

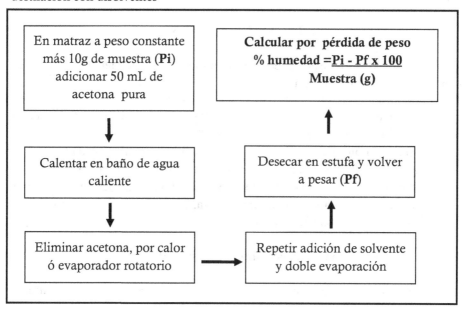

10.2.4 Método químico de Karl Fisher
Medir agua verdadera. AOAC 16th Ed. Método 984.20

El reactivo de Karl Fisher es un poderoso deshidratante y consiste en una disolución metanólica de yodo (I_2), dióxido de azufre (SO_2) y piridina (C_5H_5N) en proporción:

$$I_2 \ : \ 3 \, SO_2 \ : \ 10 \, C_5H_5N$$

Este reactivo de Karl Fisher puede ser adquirido comercialmente ó prepararse como se indica a continuación:

1. Disolver 84.7 g de I_2 resublimado en 269 mL de piridina calidad reactivo con un contenido de agua inferior a 0.1%
2. Añadir en un matraz Pirex con tapón de vidrio, con capacidad de 1 Lt., 667 mL de metanol absoluto con un contenido de agua menor a 0.05%.
3. Agregar lentamente (40 g / hora) 64 g de dióxido de azufre, para evitar una elevación parcial de la temperatura, tápese herméticamente y déjese 2-3 días en reposo antes de usarla.

El reactivo recién preparado, debe normalizarse cada día.

Tanto el reactivo como la muestra deberán protegerse de la humedad y del aire.

NOTA:

La titulación visual en este caso es menos precisa que los resultados obtenidos con el equipo electromagnético utilizado hoy en día.

FIGURA 10.4 Metodología para determinar humedad método Karl Fisher

Disolver 10 mg de muestra triturada en trozos pequeños en 10 mL de disolvente

Tomar 10 mL de la Solución muestra Y titular potenciométricamente con reactivo de Kart Fisher, hasta tener una tonalidad pardo amarillenta (B)

Calcular utilizando el peso de muestra y el peso del agua obtenido del título del blanco

El solvente utilizado (Piridina seca, en metanol anhidro almacenado en sulfato sódico anhidro, formamida ó dioxano), debe normalizarse titulando 10 ml. frente a la solución de Karl Fisher hasta alcanzar una tonalidad pardo-amarillenta, fijada previamente.

El proceso de titulación debe seguirse potenciométricamente (título del blanco, 1mL de reactivo KF = g de agua) (A)

$$A \left\{ \begin{array}{l} \text{1mL del reactivo de KF} = \text{g de agua} \\ \text{A mL KF con la muestra} = X_1 \text{ g de agua} \end{array} \right.$$

$$B \left\{ \begin{array}{l} 0.5 \text{ g muestra} = X_1 \text{ g de agua} \\ 100 \text{ g de muestra} = X_2 \text{ g de agua} = \% \text{ agua} \end{array} \right.$$

Principios básicos de bromatología para estudiantes de nutrición

CAPITULO 11

Estudio bromatológico de las proteínas

11.1 Propiedades de interés bromatológico de las proteínas

Los diversos componentes de las proteínas, tienen propiedades de interés bromatológico, particularmente útiles para su determinación.

11.1.1 Propiedades de los aminoácidos

a) Disociación: Al contener en su estructura un grupo funcional ácido (-COOH) y un grupo funcional básico (-NH2) que les confieren características anfotéricas como aceptores ó donadores de protones y les permite actuar como cationes ó aniones en particular, de tal manera que adquieren una carga positiva cuando se encuentran en un medio ácido y una carga negativa al encontrarse en un medio básico.

b) Actividad óptica: Debida a la presencia de un carbono quiral que les permite formar isómeros que manifiestan la capacidad de desviar el plano de luz polarizada a derecha (dextrógiros –D -) ó izquierda (levógiros – L -).

c) Absorción de luz ultravioleta: Los aminoácidos fenilalanina, lisina y triptófano, manifiestan la capacidad de absorber luz ultravioleta a 280nm, hecho que sirve para determinar de modo analítico tanto proteínas como péptidos mediante técnicas espectrofotométricas.

d) Solubilidad: De acuerdo a la estructura de los diversos aminoácidos.

e) Cualidades sensoriales:

- Sabor amargo, de los aminoácidos L-hidrófobos (fenilalanina, isoleucina, leucina, tirosina, valina).
- Sabor dulce, de los aminoácidos D-hidrófobos.

- Sabor ácido, del ácido aspártico y ácido glutámico, disociados.
- Sabor *umami*, de las sales sódicas de ácido aspártico. y ácido glutámico.

11.1.2 Propiedades de los péptidos

a) Sensoriales: depende de la hidrofobicidad de sus cadenas laterales con independencia de la secuencia aminoacídica.
b) Analíticas: péptidos particulares de un alimento (carnosina, formado por β alanina y L-histidina en la carne de vacuno).
c) Antibióticas: ejercen una actividad frente a gérmenes. La nisina, péptido producido por algunas cepas de St. láctis, que actúa contra microorganismos Gram-positivos.

11.1.3 Propiedades de las proteínas

a) Carácter anfótero (punto isoeléctrico Zwitterion, pH entre 4.5-6, a pH más bajos se ionizan los grupos amino y A pH más altos, los grupos carboxilo) dependen de los grupos superficiales.
b) Formación de hidratos: depende del estado de ionización e hidratación de la molécula.
c) Contribución a la textura: depende de la composición aminoacídica y la estructura plegada, así una gran cantidad de a-a polares (25-30%) afecta las propiedades de hidratación, gelificación y solubilidad, en cambio, los aminoácidos no polares pueden influir en la tensión superficial y la interacción con otros péptidos.
d) Actividad enzimática: catalizadores de reacciones específicas que pueden mejorar la calidad de los alimentos.
e) Solubilidad: al ionizarse, las cargas eléctricas externas pueden atraer ó rechazar moléculas de agua u otras especies químicas y es dependiente del pH.
f) Desnaturalización: alteración de estructuras secundaria y ternaria en una proteína natural (como se encuentra en los tejidos vivos).

Tanto la solubilidad como la desnaturalización se emplean como una forma de separación de las proteínas, bajo diferentes condiciones de pH y de acuerdo a su punto isoeléctrico con el uso de diversos disolventes orgánicos, las soluciones ácidas inducen desnaturalización y precipitan las proteínas dejando en solución al nitrógeno no proteico, mientras que las alcalinas solubilizan las proteínas desnaturalizadas y las amortiguadoras.

11.2 Métodos para determinación de proteínas

Debido a la estructura y labilidad de las moléculas proteicas, se ofrecen diversas variedades de reacciones que llevan a los métodos de separación y purificación que se aplican para su análisis y determinación.

La cantidad de proteínas en los alimentos se ha medido con base a su contenido total de nitrógeno (N_2) al considerar que ni las grasas ni los hidratos de carbono contienen N_2 y que casi el total de éste en la dieta proviene de proteínas.

Existen varios métodos mediante los cuales se puede determinar su contenido en los alimentos:

a) Proteína bruta (método volumétrico)
b) Nitrógeno no proteico (método volumétrico)
c) Nitrógeno amino libre (método volumétrico)
d) Proteína real (métodos espectrofotométricos)

Ya que las proteínas están formadas de aminoácidos, éstas pueden ser hidrolizadas para separar sus componentes, los cuales a su vez se identifican y miden por medio de técnicas de cromatografía de intercambio iónico ó cromatografía de líquidos de alta presión (HPLC por sus siglas en inglés).

11.2.1 Determinación de proteínas. Método Kjeldahl
AOAC 16th Método 960.52

Es un método volumétrico que se fundamenta en la conversión del nitrógeno total presente en la muestra a sales de amonio que se valoran posteriormente por métodos volumétricos ácido – base, éstos, se encuentran oficializados en: AOAC 16th Ed. Método 960.52; NOM-155-SCFI-2003 y en LABCONCO®, A guide to Kjeldahl nitrogen determination methods and apparatus.

El método para la determinación de nitrógeno puede dividirse en tres partes (ver Figura 11.1):

1. Oxidación húmeda de la materia orgánica
2. Liberación del amoniaco con hidróxido de sodio
3. Titulación del ácido que no ha sido neutralizado por el amoniaco liberado.

En la primera etapa, el hidrógeno y el oxígeno proteico, son oxidados hasta dióxido de carbono y agua, mientras que el nitrógeno es convertido en sulfato de amonio $((NH_4)_2SO_4)$, por la acción de un agente oxidante en medio ácido y con la ayuda de un catalizador. Se han desarrollado diferentes variantes en las cuales cambia el catalizador ó el agente oxidante, pero en todos los casos, el objetivo final de la etapa de digestión es el de convertir el nitrógeno proteico en sulfato de amonio.

Los elementos a utilizar en esta etapa pueden ser sulfato de potasio (K_2SO_4), mercurio (Hg) ó selenio metálico (Se), óxido de mercurio (HgO), sulfato de cobre $(CuSO_4)$ ó bien una mezcla de ellos.

Un catalizador comercial en pastillas de un gramo puede estar formado por:

a) K_2SO_4 97 %, $CuSO_4$. $5H_2O$ al 1.5 % y selenio al 1.5 %
b) 1.0g de K_2SO_4 cristalino con 0.7g de óxido de mercurio (HgO)
c) 0.65g de Hg.

FIGURA 11.1 Metodología general de Kjeldahl

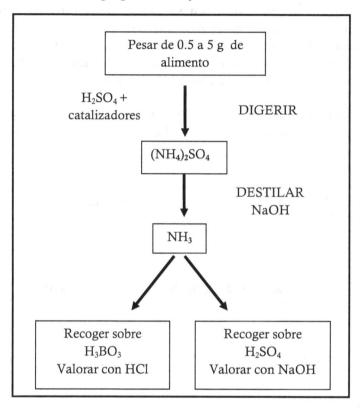

En la etapa siguiente, mediante la acción de una base fuerte, generalmente hidróxido de sodio (NaOH) al 40 ó 50%, se libera el amoníaco (NH_3) de la sal de amonio. La valoración puede efectuarse de dos formas; directa, si el NH_3 liberado, se recibe sobre ácido bórico (H_3BO_3) aproximadamente al 4% de tal manera que se forma borato de amonio ($NH_4H_2BO_4$), el cual se titula directamente con un ácido estándar, y por retroceso, si el NH_3 se arrastra con vapor y se recoge sobre ácido sulfúrico (H_2SO_4) medido en exceso, para valorarse con NaOH.

En la etapa final, se hace la valoración de acuerdo con el proceso empleado para la recolección. Así por ejemplo, si el hidróxido de amonio, se recibió sobre un volumen exactamente medido de un ácido estándar, la titulación se hace con una base valorada y en presencia de un indicador adecuado, de tal manera que se determina el ácido que no reaccionó con el hidróxido de amonio destilado y por diferencia, se calcula el hidróxido de amonio producido.

Los indicadores a utilizar (rojo de metilo y verde de bromocresol) pueden prepararse por separado, en una mezcla 1:2 ó el conocido indicador de Tashiro (Apéndice A).

En la variante de Steyemark, el hidróxido de amonio se recoge sobre ácido bórico no valorado y luego se titula directamente el borato de amonio que se forma, con ácido clorhídrico (HCl).

Reacciones Método Kjeldahl – Variante Steyemark

Digestión:

$$\text{Proteína(s)} + H_2SO_4(c) + \text{Catalizador(es)} \longrightarrow CO_2(g) + H_2O(g) + NH_4HSO_4(ac)$$

Liberación del NH_3:

$$NH_4HSO_4(ac) + 2NaOH(ac) \longrightarrow NH_3(g) + Na_2SO_4(ac) + H_2O(g)$$

Arrastre con vapor:

$$NH_3(g) + H_2O(g) \longrightarrow NH_4OH(ac)$$

Recolección:

$$NH_4OH(ac) + H_3BO_4(ac) \longrightarrow NH_4H_2BO_4 + H_2O$$

Titulación:

$$NH_4H_2BO_4(ac) + HCl(ac) \longrightarrow NH_4Cl(ac) + H_3BO_4(ac)$$

El Nitrógeno obtenido, se multiplica por un factor de conversión proteica proveniente del contenido promedio de N_2 en los alimentos (ver Tabla 11.1). Este hecho está fundamentado en determinaciones previas en las que se ha encontrado una variabilidad de entre 13% y 19% de nitrógeno en los diversos alimentos. Así, si 100 g de alimento contienen en promedio 16 g de N_2, 1g de éste corresponde a 6.25g de proteína.

TABLA 11.1 Factores de conversión proteica de diferentes alimentos

Alimento	Factor de conversión
Factor promedio	6.25
Huevos congelados	6.68
Leche y productos lácteos	6.38
Harina de cereales	5.70
Salvado	6.31
Arroz	5.95
Cebada, avena, centeno	5.83
Harina de trigo entero	5.83
Harina de soya	5.71
Nueces y cacahuates	5.41
Almendras	5.18
Otras nueces	5.30
Gelatina	5.55

Consideraciones:

El método Kjeldahl, ha sufrido a través de más de 100 años variaciones acordes a la procedencia y tamaño de las muestras ya sean orgánicas ó inorgánicas. Al igual que a las relaciones que interrelacionan sus procesos.

El ácido sulfúrico, puede ser utilizado solo para el proceso de digestión, en cantidades acordes a la cantidad de muestra a analizar (8 a 50 mL), de igual modo se debe considerar que la digestión se ve influenciada por:

a) La cantidad de carbono e hidrógeno en la muestra. Cada gramo de grasa consume 10 mL de ácido sulfúrico en la digestión y de igual modo, cada gramo de hidratos de carbono consume 4 mL del ácido, lo que aumentará la necesidad del reactivo en la digestión.

b) La temperatura de digestión con el ácido solo alcanza aproximadamente 330°C, para acortar el tiempo de digestión, se utilizan sales inorgánicas como el sulfato de potasio K_2SO_4, que eleva la temperatura hasta 390°C ó más dependiendo de la relación sal/ácido. Sin embargo, si la temperatura aumenta por arriba de 400°C los compuestos volátiles de nitrógeno se pierden en la atmósfera, por lo que la relación sal/ácido deberá cuidarse durante todo el proceso ya que el ácido se consumirá y la relación con la sal cambiará aumentándose la temperatura hacia el final de la digestión. Por otro lado, si la relación sal/ácido es muy alta, provocará una reacción violenta al adicionarse la base (NaOH) concentrada.

c) En cuanto al proceso de destilación, se debe considerar que es una reacción exotérmica que deberá mantenerse fría y adicionarle agua antes de añadir la NaOH, la cual se utilizará en una proporción 2:1 en relación a la cantidad de ácido usado para la digestión. La destilación llevará un tiempo variable de 15 a 90 minutos acordes a la cantidad de muestra utilizada.

Si se considera que no todo el nitrógeno en los alimentos proviene de las proteínas, se hace necesario aplicar diversos métodos con formas alternas de extracción de N_2 entre los que se señalan:

- Diálisis y ultracentrifugación por membranas.
- Coagulación por calor (no efectivo para caseína y gelatina).
- Uso de agentes precipitantes (ácidos túngstico, tricloroacético y fosfotúngstico, metafosfórico, tánico, sulfosalicílico, mezclas de fenol, ácido acético y agua (1:1:1), cloroformo = octanol (8:1), hidróxido de cobre, óxido férrico y acetato de plomo.

11.2.2 Determinación de nitrógeno no proteico
NMX-Y-346-SCFI-2007

FIGURA 11.2 Metodología para determinar nitrógeno no proteico

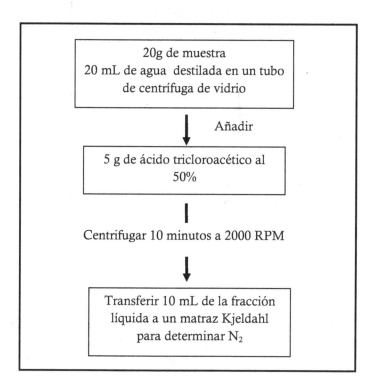

11.2.3 Determinación de nitrógeno soluble en agua
NMX-Y-346-SCFI-2007

FIGURA 11.3 Metodología para determinar nitrógeno soluble en agua

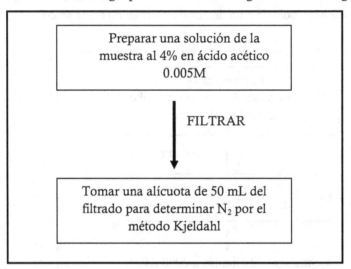

Preparar una solución de la muestra al 4% en ácido acético 0.005M

FILTRAR

Tomar una alícuota de 50 mL del filtrado para determinar N_2 por el método Kjeldahl

Titulación con formol

En éste método, a la muestra neutralizada con álcali se le agrega formaldehido en exceso el cual reacciona con cada grupo básico de lisina y arginina. El exceso de formaldehido se neutraliza con un exceso de álcali estándar el cual se titula, y se relaciona con el contenido de proteína.

Para el análisis de los aminoácidos se requiere romper los enlaces peptídicos de las proteínas por medio de hidrólisis que puede ser ácida, alcalina o enzimática. La hidrólisis ácida se realiza con ácido clorhídrico puro de concentración 6N.

Para que la hidrólisis de las proteínas sea completa es necesario tener en cuenta factores como la relación ácido/proteínas, la temperatura, el tiempo de hidrólisis y evitar la presencia de oxígeno en el medio aplicando vacío y nitrógeno para minimizar la oxidación de los aminoácidos.

La hidrólisis ácida afecta la estructura de ciertos aminoácidos, de diferentes maneras, a saber:

a. Destrucción parcial de treonina, serina, cistina, cisteína, metionina y tirosina. La destrucción de cistina, cisteína y metionina se evita oxidando primero la muestra con ácido perfórmico y se determinan en su lugar el ácido cisteico y metionina sulfona. El triptófano se destruye totalmente con el ácido clorhídrico por lo que para su determinación es necesario realizar una hidrólisis alcalina.

b. Conversión de: tirosina a un cloro-derivado; de asparagina a ácido aspártico; y de glutamina a ácido glutámico.

c. Liberación lenta de isoleucina y valina.

Para compensar tanto las pérdidas producidas en los aminoácidos como para cuantificarlos, se puede adicionar a la muestra antes de la hidrólisis, una cantidad conocida de un estándar interno que puede ser el ácido 2-aminobutírico.

Los aminoácidos libres se derivatizan (detección de los aminoácidos por reacciones en las que forman compuestos coloreados o fluorescentes) por métodos precolumna o postcolumna y se separan aplicando técnicas cromatográficas de intercambio iónico, de líquidos de alta resolución o cromatografía gas-líquido.

Principios básicos de bromatología para estudiantes de nutrición

CAPÍTULO 12

Estudio bromatológico de los lípidos

12.1 Propiedades de interés bromatológico de las grasas

Dentro de las células, los diferentes tipos de lípidos proceden de:

a) Movilización de los depósitos grasos
b) Procesos de síntesis internos
c) Aporte alimenticio

Las propiedades físicas, reológicas y texturales como puntos de fusión, índices de refracción, gravedad específica, de sabor, olor, flavor, suavidad a la textura, masticabilidad y sensación de saciedad, dependen tanto de la estructura de los ácidos grasos que conforman las grasas como del número y la distribución de los ácidos grasos individuales en las posiciones de los grupos alcohol del glicerol, a saber:

- La estructura de los ácidos grasos, les confiere ciertas propiedades como el bajo punto de fusión. Así, tanto los ácidos grasos insaturados como los saturados de bajo peso molecular, son líquidos a temperatura ambiente, éstos últimos se hacen más sólidos a medida que aumenta el número de carbonos. Con más de 10 carbonos se solidifican, de igual manera los ácidos grasos cis tienen menor punto de fusión que los trans, los cuales tienen menor rendimiento energético, producen cambios en la permeabilidad de las membranas celulares, se fijan al tejido adiposo y aumentan la concentración de lipoproteína de baja densidad.

- Los aceites de semillas, preferentemente contienen los ácidos grasos insaturados en posición 2.
- Las grasas de origen animal, generalmente presentan ácidos grasos saturados en posición 2, aunque existen variaciones de especie y parte del animal. La grasa del cerdo, se conforma con los ácidos grasos esteárico, palmítico y oleico ó linoleico y la de res es un triglicérido saturado con ácido esteárico.
- Las grasas de origen marino, presentan ácidos grasos poliinsaturados de cadena larga situados preferentemente en posición 2.

Las funciones de los lípidos en el organismo son: a) energéticas (aportan alrededor de 9 Kcal. por cada gramo ingerido; b) de transporte dentro de la conformación de la membrana celular; como vehículo de vitaminas ó ácidos grasos poliinsaturados esenciales; c) estructurales, en la síntesis de sustancias químicas biológicamente importantes (fosfolípidos); d) protectores (impermeabilizantes de las paredes celulares de vegetales y bacterias y e) reguladores de metabolismo y temperatura.

Los lípidos se deterioran tanto por la acción del oxígeno y lipooxigenasas (rancidez oxidativa) como por la acción de las lipasas (rancidez hidrolítica).

12.1.1 Grasas y Aceites

En nutrición se denominan grasas y aceites a los ésteres formados por una, dos ó tres moléculas de ácidos grasos y una molécula del glicerol (triglicéridos). Son sustancias aceitosas, grasientas o cerosas, que en estado puro se encuentran normalmente incoloras, inodoras e insípidas, son más ligeros que el agua e insolubles en ella; poco solubles en alcohol y se disuelven fácilmente en éter y otros disolventes orgánicos, su consistencia es blanda y untuosa a temperaturas ordinarias, mientras que los aceites fijos (para distinguirlos de los aceites esenciales y el petróleo) son líquidos.

La rancidez hidrolítica en las grasas, se refiere a la hidrólisis de los triglicéridos ante humedad, temperatura, microorganismos ó enzimas generando acidez. Mientras que la rancidez oxidativa es una compleja combinación con oxígeno que produce hidroperóxidos.

Los investigadores han estudiado distintos procesos de degradación oxidativa. De entre ellos puede citarse el proceso de degradación, provocado a 70 °C con aireación, de un amplio grupo de aceites de composición muy variada, en donde se generaron en primer lugar hidroperóxidos, y en etapas posteriores aldehídos. Otro proceso de degradación estudiado ha sido el provocado por la acción de microondas, sin sobrepasar la temperatura de 190°C, en este caso, se generaron fundamentalmente aldehídos oxigenados tóxicos, compuestos bien conocidos en estudios de medicina por su actividad geno y citotóxica, a los que se considera marcadores del estrés oxidativo en células así como agentes causales de enfermedades degenerativas, y que no habían sido detectados en alimentos con anterioridad.

Diversos estudios han probado que algunos aceites producen en mayor cantidad y con mayor celeridad estas substancias tóxicas. El aceite de oliva virgen es, de entre todos los aceites estudiados, el que más tardíamente y en menor concentración genera este tipo de compuestos.

Los componentes propios de las grasas y las características físicas inherentes a este tipo de moléculas, pueden ser evaluados en su calidad, a través de diversos índices:

a) Índice de acidez
b) Índice de refracción
c) Índice de peróxidos
d) Punto de fusión (punto claro, deslizado, Wiley, nube, solidificación)
e) Gravedad específica (densidad relativa a 25°C)
f) Índice de yodo (instauración)
g) Índice de tiocianógeno (instauración)
h) Índice de saponificación (PM de los triglicéridos constitutivos)
i) Índice de Reichert-Meissl (ácidos grasos volátiles solubles)
j) Índice de Polenske (ácidos grasos insolubles)
k) Índice de Kirschner (ácidos grasos volátiles solubles)
l) Evaluación del color (cristalización ó longitud de onda)

12.2 Métodos de medición de grasas

La determinación de la grasa implica tres operaciones distintas, independientemente del origen del material o del método:

a) Tratamiento preliminar de la muestra, que incluye el secado previo, la molienda, la digestión o cualquier combinación de estos (EXTRACCIÓN).
b) Separación de la grasa por extracción con un disolvente apropiado o por separación con centrífuga (AISLAMIENTO).
c) Valoración de la grasa por un método u otro (MEDICIÓN).

El presecado de la muestra para la determinación de grasas, se realiza de preferencia al vacio, a menos de 100°C y a presiones menores de 760 mm de mercurio para:

a) La muestra pueda ser molida ó subdividida fácilmente y ampliar la superficie expuesta a fin de realizar una mejor extracción, principalmente en productos como la carne.
b) Favorecer la extracción, sobre todo si se utiliza éter etílico ó de petróleo, ya que éste es higroscópico y se satura con el agua perdiendo su eficiencia.
c) Romper la emulsión.
d) Evitar la oxidación que reducirá la solubilidad de la grasa en éter de petróleo.

Características del solvente ideal:

a) Poseer alto poder disolvente para lípidos y no para proteínas e hidratos de carbono.
b) Evaporar fácilmente y no dejar residuos.
c) Tener bajo punto de ebullición (éter etílico = 34.6°C; éter de petróleo = 35-36°C).
d) No ser flamables ni tóxicos éter de petróleo y éter etílico).
e) No ser higroscópico (éter de petróleo y éter etílico).
f) No formar peróxidos (éter de petróleo).

g) Penetrar fácilmente las partículas alimenticias.

Los alimentos que tienen enlazados los lípidos con proteínas ó hidratos de carbono, deben extraerse por hidrólisis ácida para romper tanto los enlaces iónicos como covalentes (digerir a reflujo con HCl 3N, añadir etanol y hexametafosfato, antes de la extracción con solventes). Sin embargo, para separar los triglicéridos, se utiliza una hidrólisis básica (solución de amoniaco en alcohol en frío y extracción con éter de petróleo) para posteriormente analizar por métodos cromatográficos los ácidos grasos liberados.

Las determinaciones de lípidos en porcentaje a nivel de laboratorio pueden hacerse mediante la extracción directa (extracción con solventes orgánicos no polares) e indirecta (con hidrólisis previa) (ver Figura 12.1). En el primer caso se aplican a muestras sin mucha humedad, mientras que en el segundo se trabajan generalmente muestras líquidas.

FIGURA 12.1 Métodos de extracción de grasa

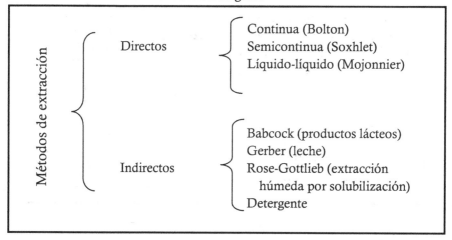

12.2.1 Métodos de extracción directos

12.2.1.1 Extracción continúa. Método Bolton
AOAC 16th Ed. Método 954.05

El tipo Bolton o Bailey-Walker da una extracción continua debido al goteo del disolvente que se condensa sobre la muestra contenida en un dedal que es un filtro poroso, alrededor del cual pasa el vapor caliente del disolvente.

FIGURA 12.2 Metodología para determinar grasa método Bolton

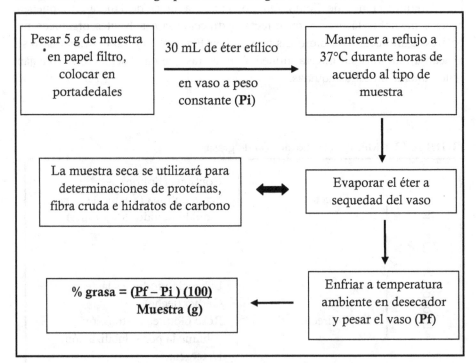

Principios básicos de bromatología para estudiantes de nutrición

12.2.1.2 Extracción semicontinua. Método Soxhlet
Lees R. Análisis de alimentos. 2 Ed. pág. 156

La extracción consiste en someter la muestra exenta de agua a un proceso de extracción intermitente utilizando como disolvente éter etílico.

FIGURA 12.3 Metodología para determinar grasa método Soxhlet

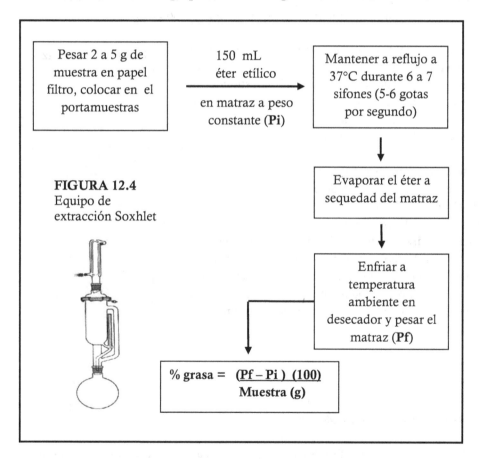

Pesar 2 a 5 g de muestra en papel filtro, colocar en el portamuestras

150 mL éter etílico

en matraz a peso constante (**Pi**)

Mantener a reflujo a 37°C durante 6 a 7 sifones (5-6 gotas por segundo)

Evaporar el éter a sequedad del matraz

Enfriar a temperatura ambiente en desecador y pesar el matraz (**Pf**)

FIGURA 12.4
Equipo de extracción Soxhlet

$$\% \text{ grasa} = \frac{(Pf - Pi)\ (100)}{\text{Muestra (g)}}$$

12.2.1.3 Extracción discontinua líquido-líquido. Método Mojonnier
AOAC 18th Ed. Método 989.05

El método no requiere una remoción previa de la humedad de la muestra.

Se fundamenta en la extracción de la muestra por tres veces consecutivas con una mezcla de éter etílico y éter de petróleo, la grasa extraída se seca hasta peso constante y se expresa como porcentaje de grasa por peso de muestra.

Lo más singular del aparato Mojonnier es el recipiente de extracción que puede servir para una gran variedad de productos, está constituido de forma que la disolución formada por la grasa y el disolvente se puede extraer de la muestra que se está analizando (ver Figura 12.5).

FIGURA 12.5 Matraz Mojonnier

Este método es especialmente conveniente cuando no se requiere un contacto prolongado entre el disolvente y la muestra. Es muy útil para las extracciones líquido-líquido y ha sido empleado con éxito con diversos materiales grasos, diferentes a los productos lácteos corrientes, de igual manera es ampliamente utilizado en la industria láctea, para la que se diseñó originalmente, sin embargo, no se aplica directamente a los productos animales y vegetales.

12.2.2 Métodos de extracción indirectos

12.2.2.1 Método de Babcock
AOAC 18th Ed. Método 989.05

Este método y sus modificaciones emplean un matraz o frasco especial, con un cuello estrecho graduado, el cual está calibrado de tal forma que puede leerse directamente el porcentaje de grasa, con tal que se empleen las cantidades de muestras especificadas.

Los matraces y las divisiones graduadas deben calibrarse antes de su empleo, siguiendo los métodos comúnmente empleados para la calibración volumétrica del material de vidrio.

El procedimiento Babcock comprende el calentamiento de la muestra, generalmente en el mismo matraz, con un reactivo para digerir la materia no grasa (H_2SO_4) y dejar ésta en libertad. La separación de la grasa se completa por centrifugación, después de que aquella se le hace sobrenadar en una disolución de mayor densidad que la grasa. Posteriormente, la grasa se mide volumétricamente en la parte graduada del frasco.

Los cuellos de los matraces de Babcock tienen que ser necesariamente estrechos para permitir mediciones precisas de la grasa, lo que conduce a dificultades en la introducción en el frasco de muestras que no sean líquidas o que fluyan libremente, como quesos y carne, los cuáles se digieren, en un vaso y después se pasan al matraz para la separación y medición de la grasa.

Se desarrolló para determinar el contenido de grasa de la leche y la nata, pero el procedimiento primitivo ya se ha modificado y actualmente puede aplicarse a la mayor parte de los restantes productos lácteos, incluyendo helados, quesos, mantequilla y suero.

No determina fosfolípidos en productos lácteos y no es aplicable a productos que contienen chocolate o azúcar añadida.

12.2.2.2 Método de Gerber
NMX-F-387-1982

El método consiste en separar la grasa dentro de un recipiente medidor, llamado butirómetro (ver Figura 12.6), medir el volumen e indicarlo en un tanto por ciento en masa.

La separación completa de la grasa precisa la destrucción de la envoltura protectora de los glóbulos grasos con el uso de H_2SO_4 concentrado, de entre el 90 y el 91 % en masa.

FIGURA 12.6 Butirómetro para método Gerber

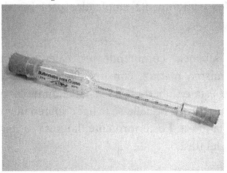

El ácido sulfúrico, oxida e hidroliza los componentes orgánicos de la envoltura protectora de los glóbulos de grasa, las fracciones de las albúminas de leche y la lactosa. Al añadir alcohol amílico, se facilita la separación de la fase y al final, resulta una línea divisoria clara entre la grasa y la solución ácida. El alcohol isoamílico generalmente previene la carbonización del azúcar encontrado con el método regular de Babcock.

En la escala del butirómetro se puede leer el contenido en grasa de la leche como contenido de masa en un tanto por ciento.

12.2.2.3 Método Detergente

El principio de este método es que el detergente reacciona con la proteína para formar un complejo proteína - detergente, que rompe la emulsión y libera la grasa. Originalmente se desarrolló para determinar grasa en leche, a fin de evitar las propiedades corrosivas del H_2SO_4 en el método Babcock.

La leche se pipetea en un recipiente Babcock, se añade un detergente aniónico (fosfato dioetil de sodio) para dispersar la capa de proteína que estabiliza la grasa y liberarla, se añade un detergente no iónico hidrofílico, (polioxietileno, monolaurato de sorbitan) para separar la grasa de otros componentes alimenticios. El porcentaje de grasa se mide volumétricamente y se expresa como g /100g de alimento (%).

12.2.2.4 Extracción por solubilización. Método Rose-Gottlieb AOAC 16th Método 989.05

Los lípidos asociados pueden ser liberados por hidrólisis ácida ó alcalina si la muestra del alimento se disuelve completamente antes de hacer la extracción con disolventes polares En el método ácido (proceso de Werner-Schmidt) el material es calentado en baño de agua hirviente con ácido clorhídrico 6M para disolver las proteínas y separar la grasa que puede ser extraída por agitación, cuando menos tres veces, con éter dietílico o con una mezcla de éter dietílico y éter de petróleo. La hidrólisis ácida tiende a descomponer los fosfolípidos, por lo cual la correlación con la extracción con cloroformo/metanol puede ser pobre en algunos alimentos.

En la disolución que utiliza álcali (método de Rose-Gottlieb), el material se trata con amoníaco y alcohol en frío, para proseguir con la extracción de la grasa con una mezcla de éter etílico y éter de petróleo. El alcohol precipita las proteínas que se disuelven en el amoníaco; entonces las grasas pueden ser extraídas con éter etílico. El éter de petróleo reduce la proporción de agua y consecuentemente también las sustancias no grasas solubles, tales como la lactosa en el extracto. La extracción alcalina da resultados muy exactos, lo que hace que la técnica sea muy recomendable sobre todo ante una elevada concentración de azúcares (ver Figura 12.7).

Notas:

1. Si se cuenta con la centrífuga del Mojonnier, se centrifuga durante un minuto (una vuelta por segundo).
2. Si no se cuenta con la centrífuga se agita y deja reposar de 6 a 12 horas

FIGURA 12.7 Metodología para grasa butírica Rose-Gottlieb

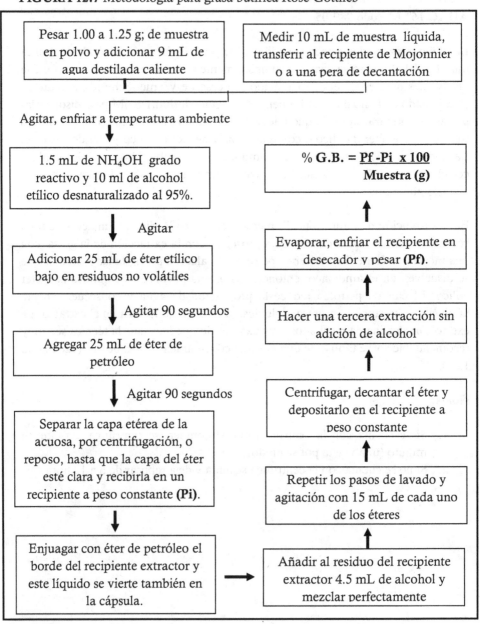

12.2.3 Métodos de determinación de componentes propios

12.2.3.1 Índice de acidez
AOAC 18th Método 942.15; NMX-FF-011-1982

El índice de acidez se define como los miligramos de NaOH o KOH necesarios para neutralizar los ácidos grasos libres presentes en 1 gramo de aceite o grasa, y constituye una medida del grado de hidrólisis de una grasa. Todos los aceites y las grasas tienen ácidos grasos libres y algunos los tienen en grandes cantidades.

La causa de la existencia de ácidos grasos libres es la actividad enzimática de las lipasas. Todas las semillas y los frutos oleaginosos tienen presentes algunas de estas enzimas lipolíticas que se encuentran tanto en el embrión como en el mesocarpio del fruto. Por este motivo, el aceite de arroz y el de palma, por lo general, tienen una acidez muy alta.

El índice de acidez es considerado como una medida del grado de descomposición del aceite o grasa, por acción de las lipasas o por alguna otra causa. La descomposición se acelera por la luz y el calor. Como la rancidez se acompaña, usualmente por la formación de ácidos grasos libres, entonces la determinación es, con frecuencia, usada como una indicación general de la condición y comestibilidad de los aceites y grasas.

FIGURA 12.8 Metodología para determinar índice de acidez

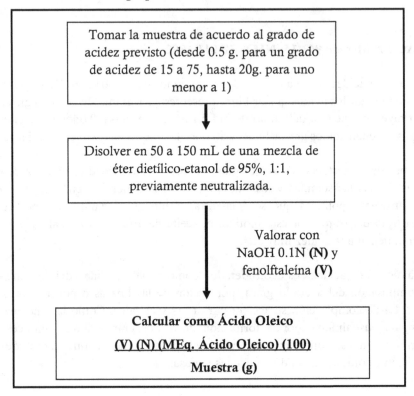

Tomar la muestra de acuerdo al grado de acidez previsto (desde 0.5 g. para un grado de acidez de 15 a 75, hasta 20g. para uno menor a 1)

Disolver en 50 a 150 mL de una mezcla de éter dietílico-etanol de 95%, 1:1, previamente neutralizada.

Valorar con NaOH 0.1N **(N)** y fenolftaleína **(V)**

Calcular como Ácido Oleico

$$\frac{(V)\ (N)\ (MEq.\ Ácido\ Oleico)\ (100)}{Muestra\ (g)}$$

Notas:

1. Si la disolución se enturbia durante la valoración, añadir una cantidad suficiente de la mezcla de disolventes para que la disolución se aclare.
2. La coloración rosa de la fenolftaleína debe permanecer al menos durante 10 segundos.
3. El peso molecular del ácido oleico es 282.

12.2.3.2 Índice de peróxido
AOAC 16th Método 965.33

Mide el grado de oxidación de lípidos en grasas y aceites pero no su estabilidad. Se define como los miliequivalentes de peróxido por Kg de grasa, es una medida de la formación de grupos peróxidos o hidroperóxidos que son lós productos iniciales de la oxidación de lípidos (ver Figura 12.9).

Tiene relación con el índice de peróxido y la rancidez de las sustancias grasas. Sin embargo, hay hacer notar, que las características del aceite juegan un papel muy importante. Así, aceites con alto índice de yodo, tendrán un índice de peróxido alto al comienzo de la rancidez y aceites con bajo índice de yodo, tendrán índice de peróxido bajo al inicio de la rancidez. Debe también establecerse correlación entre el índice de peróxido alto y las características organolépticas de rancidez antes de llegar a conclusiones definitivas.

FIGURA 12.9 Metodología para determinar índice de peróxido

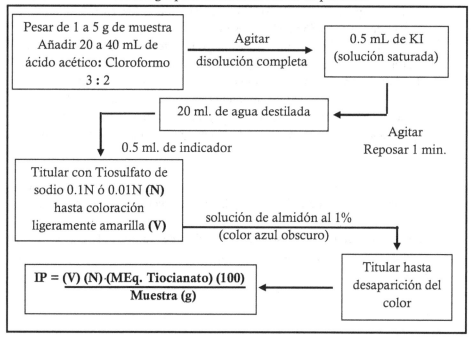

Notas:

1.- Preparar una muestra BLANCO y seguir todos los pasos, al final se restará de la valoración de la muestra

12.2.3.3 Índice de yodo
AOAC 16th Ed. Método 920.159

Se define como el peso de yodo absorbido por la muestra en las condiciones de trabajo que se especifican, determina el grado de instauración de una grasa (ver Figura 12.10). El índice de yodo se expresa en gramos de yodo que se fijan en 100 g de muestra.

Notas:

1. Preparar una muestra BLANCO y seguir todos los pasos, al final se restará de la valoración de la muestra.
2. Para las muestras con un índice de yodo inferior a 150, mantener los matraces en la oscuridad durante 1 hora; para las muestras con un índice de yodo superior a 150, así como en el caso de productos polimerizados o considerablemente oxidados, mantener en la oscuridad durante 2 horas.
3. El almidón se prepara mezclando 5 g de almidón soluble con 30 mL de agua, añadir la mezcla a 1000 mL de agua en ebullición, hervir durante 3 minutos y dejar enfriar.
4. El peso molecular del yodo es 126.9.
5. Se tomará como resultado la media aritmética de dos determinaciones, siempre que se cumpla el requisito establecido con respecto a la repetibilidad.
6. La solución de tiosulfato sódico (0.1 mol/L de $Na_2S_2O_3 \cdot 5H_2O$), se valora como máximo 7 días antes de su uso.

FIGURA 12.10 Metodología para determinar índice de yodo

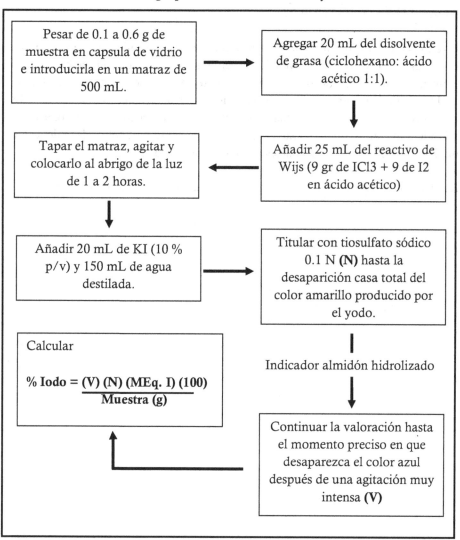

Pesar de 0.1 a 0.6 g de muestra en capsula de vidrio e introducirla en un matraz de 500 mL.

Agregar 20 mL del disolvente de grasa (ciclohexano: ácido acético 1:1).

Tapar el matraz, agitar y colocarlo al abrigo de la luz de 1 a 2 horas.

Añadir 25 mL del reactivo de Wijs (9 gr de ICl3 + 9 de I2 en ácido acético)

Añadir 20 mL de KI (10 % p/v) y 150 mL de agua destilada.

Titular con tiosulfato sódico 0.1 N **(N)** hasta la desaparición casa total del color amarillo producido por el yodo.

Calcular

$$\% \text{ Iodo} = \frac{(V)\ (N)\ (MEq.\ I)\ (100)}{\text{Muestra (g)}}$$

Indicador almidón hidrolizado

Continuar la valoración hasta el momento preciso en que desaparezca el color azul después de una agitación muy intensa **(V)**

12.2.3.4 Índice de tiocianógeno
AOAC 16th Ed. Método 940.27

Este índice es función del grado de instauración. Se determina por la fijación de tiocianógeno $(SCN)_2$, y convencionalmente se expresa por el peso de iodo equivalente al $(SCN)_2$ absorbido por 100 partes en peso de la grasa (ver Figura 12.11). El tiocianógeno se fija sobre los dobles enlaces como los halógenos. Es menos reactivo que éstos y su fijación solo es cuantitativa con el ácido oleico. Se considera que aproximadamente el $(SCN)_2$ se fija sobre un doble enlace del ácido linoleico y sobre dos dobles enlaces del ácido linolénico.

Realizar un ensayo un blanco, sin materia grasa, en las mismas condiciones.

FIGURA 12.11 Metodología para determinar índice de tiocianógeno

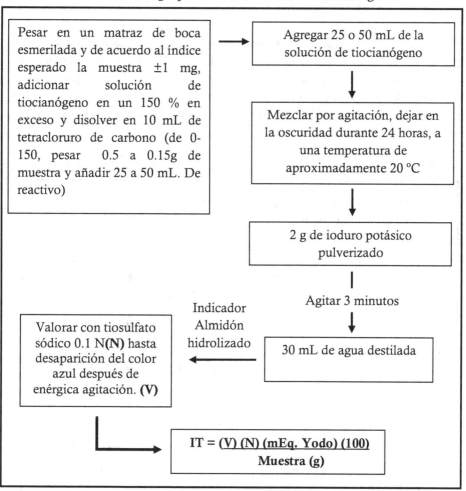

12.2.3.5 Índice de saponificación
AOAC 16ᵗʰ Ed. Método 920.160

El índice de saponificación (IS) permite determinar si predominan los ácidos grasos de cadenas largas ó cortas, se expresa como la cantidad, en mg, de hidróxido de potasio necesaria para neutralizar los ácidos libres y saponificar los ésteres presentes en 1.0 g de muestra (ver Figura 12.12). Si predominan los ácidos grasos de cadena corta el IS aumenta y con los de cadena larga disminuye.

FIGURA 12.12 Metodología para determinar de índice de saponificación

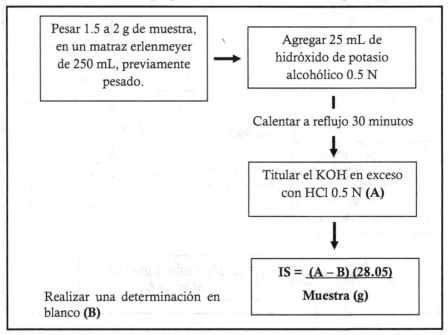

Nota:

Si el aceite ha sido saturado con dióxido de carbono para su conservación, colocarlo en un cristalizador dentro de un desecador al vacío durante 24 horas antes de pesar la muestra para el ensayo.

12.2.3.6 Índice de refracción
AOAC 16th Ed. Método 921.08

El índice de refracción (IR), es característico para cada tipo de grasa y los valores varían de acuerdo a la longitud de las cadenas de los ácidos grasos , del grado y tipo de insaturación, oxidación, tratamiento al calor, temperatura de análisis y el contenido de grasa, permite al igual que otros criterios de pureza, detectar adulteraciones.

La grasa es extraída con un solvente (bromonaftaleno) y el índice de refracción del solvente es comparado con el de la solución grasosa y la grasa.

El índice de refracción disminuye tanto cuando aumenta la temperatura como la longitud de onda del rayo luminoso.

El índice de refracción del disolvente debe diferir considerablemente del aceite con el que vaya a emplearse. Es preferible que tenga un alto punto de ebullición para evitar evaporación.

Calibración del instrumento

La calibración del instrumento debe verificarse efectuando una prueba con una placa de índice de refracción conocido, que generalmente se obtiene al adquirir el refractómetro. La placa se adhiere al prisma superior por medio de un líquido de alto índice de refracción (generalmente bromonaftaleno) y se efectúa la lectura. Los errores pueden corregirse por medio del tornillo de ajuste.

Determinación del índice de refracción

1. Después de calibrado, el refractómetro se coloca frente a la fuente de luz; se inserta el termómetro y se ajusta la circulación de agua, de manera que los prismas adquieran la temperatura adecuada. Los prismas se limpian con el disolvente y se dejan secar.

2. Se coloca una gota de la muestra sobre el prisma inferior y se presiona con el superior hasta que ambos queden juntos. Se ajusta la luz de manera que penetre en el aparato. Se enfoca el ocular sobre las líneas transversales cruzadas y sobre los lentes de la escala.

3. Moviendo el brazo del prisma se encuentra que la parte baja del campo está obscura y la superior iluminada. En general la línea divisoria siempre es colorida. Se gira la cremallera de ajuste cromático, hasta que aparezca una línea fina de separación perfectamente definida.

4. Se mueve el brazo del prisma hasta que la línea de separación se encuentre en la intersección del retículo.

5. Se toman varias lecturas del índice de refracción en la escala hasta la cuarta cifra decimal.

Expresión de resultados

El promedio de las lecturas efectuadas nos da el índice de refracción buscado. En caso de no disponer del termobaño a temperatura constante, la corrección del índice de refracción por temperatura se hace utilizando la siguiente expresión:

$$n = n' + C (t' - t)$$

Donde:

n = Lectura de la temperatura de referencia

n' = Lectura de la temperatura t' en K (°C)

t = Temperatura de referencia

t' = Temperatura a la cual se hizo la lectura n'

C = 0.000 365 para grasas

C = 0.000 385 para aceites

C = 0.000 45 para aceites esenciales.

CAPÍTULO 13

Estudio bromatológico de los hidratos de carbono

13.1 Propiedades de interés bromatológico de los hidratos de carbono

Los hidratos de carbono constituyen las tres cuartas partes del peso seco de todas las plantas terrestres y marinas, están presentes en todos los granos, verduras, hortalizas y frutas consumidas por el hombre y pueden dividirse en 2 grandes ramas: los hidratos de carbono metabolizables, aquellos que aportan energía y sabor y los no metabolizables (fibra), los que constituyen las estructuras celulares de los vegetales y ejercen un efecto protector sobre el tránsito gastrointestinal y la prevención y evolución de diversas patologías.

13.1.1 Hidratos de carbono metabolizables

Entre los monosacáridos, disacáridos y derivados importantes en la alimentación se encuentran:

- Glucosa: Es el principal combustible.
- Fructuosa: Se conoce como el azúcar de la fruta.
- Galactosa: Se sintetiza a partir de glucosa 1 fosfato por acción de la epimerasa, se encuentra en glucolípidos, proteoglucanos etc.
- Lactosa: Es el azúcar de la leche y está constituido por una molécula de glucosa y una de galactosa.

- Sacarosa: Azúcar de la caña constituida por una molécula de glucosa y una de fructuosa, está presente solo en pequeñísimas cantidades en la mayoría de los alimentos vegetales, por lo que la mayor parte de la sacarosa de la dieta procede de alimentos modificados.
- Maltosa: Constituida por dos moléculas de glucosa y obtenida de la hidrólisis del almidón.
- Polioles: Derivados de la reducción de los monosacáridos (sorbitol, maltitol e isomaltosa).
- Oligosacáridos: (maltodextrina y fructoligosacáridos).
- Polisacáridos: (almidón, amilosa, amilopectina, glucógeno, celulosa, pectina, quitina e inulina).
- Ácidos urónicos: (componentes de pectinas).
- Aminoazúcares: (componentes de glucoproteínas).
- Desoxiazúcares: (glucoproteínas que determinan los grupos sanguíneos e integran el ADN).

13.1.2 Hidratos de carbono no metabolizables

El Agricultural Research Service del USDA, ha introducido un concepto del significado de fibra bruta, la definen sobre bases nutritivas, como las sustancias vegetales insolubles no digeridas por las enzimas diastáticas o proteolíticas, nutritivamente inútiles excepto por fermentación microbiana en el tracto digestivo de los animales. Está formada fundamentalmente por celulosa, lignina y pentosas, que junto con pequeñas cantidades de sustancias nitrogenadas constituyen las estructuras celulares de los vegetales.

Los hidratos de carbono en los alimentos muestran propiedades diversas y son entre otras cosas:

1. Químicamente neutros, estables a pH entre 3 y 7 en soluciones acuosas, a pH alcalino se enolizan con fraccionamientos moleculares y en soluciones ácidas pierden agua sin modificar la integridad de la cadena.

2. Por su solubilidad, tienen capacidad de ligar agua a través de los grupos hidroxilo lo que les permite formar jarabes y controlar la actividad acuosa, propiedad que se conoce como "humectancia". Por ejemplo, la fructosa es el monosacárido más soluble seguido de la sacarosa y la glucosa mientras que la lactosa es el menos soluble por lo que se cristaliza más fácilmente.

3. Estimulantes del sabor, aportan dulzor acorde a su estructura y concentración, de tal manera que al ser más concentrado no tiene porqué ser más dulce. El grado de dulzor es variable en función de diversos factores como configuración, forma bajo la que se encuentre (cristalina ó solubilizada), grado de acidez, temperatura entre otras. Para igualar el sabor dulce de 1 g de lactosa sólo necesitaremos 0.25 g de sacarosa que es el azúcar de referencia con un valor de dulzor de 100, aunque la fructosa tiene un valor de 174 y la glucosa tan solo de 74.

4. Fermentan bajo concentraciones que no afecten el equilibrio osmótico de las células.

5. Amorfos: Pueden permanecer en estado no cristalino por lo que tienen la capacidad para formar soluciones sobresaturadas (jarabes, almíbar de frutas en conserva) o estados vítreos (caramelo duro).

6. Modifican el color y sabor, por acción del calor (caramelización), de los aminoácidos (reacción de Maillard), por polimerización (color) ó fragmentación (aromas).

7. Fijan los aromas, por interacción con compuestos volátiles carbonílicos (aldehídos, cetonas, ésteres de ácidos carboxílicos).

13.2 Métodos de análisis de azúcares

El análisis de los azúcares en los alimentos persigue 2 objetivos fundamentales:

1) la identificación
2) la cuantificación aproximada de azúcares totales ó de cada uno de ellos en un alimento en particular.

Para lograr la identificación de los hidratos de carbono, se recurre a técnicas cromatográficas, ya sea en capa fina ó por cromatografía de líquidos de alta eficiencia (HPLC siglas en inglés).

Para cromatografía en capa fina, son particularmente útiles las láminas de silica-gel G preparadas con ácido bórico 0.1N ó ácido acético para reducir la afinidad de grupos hidroxilo por el gel de sílice y como fase móvil se utilizan mezclas de metil etil cetona-ácido acético-metanol (60 : 20 : 20) que separa la glucosa de la sacarosa y de butanol-acetona-agua (40 : 50 : 10) que separa la fructuosa de la sacarosa ó separa los di de los trisacáridos.

Las manchas de azúcares se pueden revelar utilizando anilina ftalato y dan manchas amarillo parduzco que fluorecen bajo la luz ultravioleta.

El cálculo para determinar el azúcar es a través de un índice de referencia (Rf) que relaciona las distancias que recorren en la capa fina tanto el solvente como las muestras de azúcares y que considera la distancia que recorre el solvente como 100, así:

$$RF = \frac{\text{Distancia entre el centro de la mancha y del origen}}{\text{Distancia que migra el disolvente (100)}}$$

Ejemplos de Rf :

> ➢ Lactosa = 26
> ➢ Maltosa = 44
> ➢ Sacarosa = 45

Cuantificación

La cuantificación aproximada de los hidratos de carbono se fundamenta en las reactividades de los diversos tipos de éstos, acordes a su estructura.

Los métodos clásicos para la determinación de azúcares, se basan en tres principios fundamentales:

1. Reducción de una disolución alcalina de cobre
2. Determinación de la actividad óptica (polarimetría y/o refractometría)
3. Reacciones colorimétricas, enzimáticas y no enzimáticas

Todos los monosacáridos y algunos disacáridos, contienen un grupo aldehído ó cetona libre que actúan como agentes reductores, no así las disoluciones de disacáridos (sacarosa) los que se consideran no reductores y que por hidrólisis ácida, rinden moléculas de monosacáridos (ver Figura 13.1 y 13.2).

Todos los métodos para determinación de hexosas, están basados en el hecho de que las disoluciones neutras de estos azúcares, reducen las disoluciones alcalinas de las sales de los metales pesados.

La reacción tipo es la que tiene lugar entre las disoluciones de azúcares y la solución de FEHLING (sulfato de cobre, tartrato sódico potásico e hidróxido de sodio) que por calentamiento, produce un precipitado de óxido cuproso, proporcional a la cantidad de azúcar presente.

$$CuO \rightarrow Cu_2O = \text{Azúcar}$$

El óxido cuproso precipitado, puede determinarse también por diversas técnicas:

a) Gravimetría, secar y pesar si no hay sustancias que como el CALCIO, precipiten con el tartrato.
b) Electrólisis - turbidimetría, disolver el Cu_2O en HNO_3 y electrolizar el cobre, añadir IK para titular con tiosulfato sódico.
c) Turbidimetría, disolver el Cu_2O en una disolución de sulfato férrico y titular con permanganato de potasio ($KMNO_4$).

Los métodos previamente mencionados son llamados de MUNSON-WALKER.

Existe también el método de BENEDICT para el que se utiliza una disolución de citrato de cobre ($Cu^{++} \rightarrow Cu^+$).

El método de TOLLEN que utiliza una disolución amoniacal de plata y forma un espejo brillante de plata elemental en el tubo de ensaye ($Ag^+ \rightarrow Ag^o$).

De igual manera, los azúcares reductores pueden reducir al ácido 3,5-dinitrosalicílico (DNS) bajo determinadas condiciones.

Es necesario hacer notar que ya que los grupos funcionales (aldehído y cetona) libres son los que participan en las reacciones de reducción, la medición por estos métodos de disacáridos como la sacarosa ó polisacáridos como el almidón debe ser precedida por un proceso de hidrólisis ácida que rompa las ligaduras existentes entre los monosacáridos que los conforman, del mismo modo, se considera que tanto los aminoácidos como las proteínas presentan reacciones de reducción de los metales alcalinos por lo que ante un elevado contenido de éstas moléculas en un alimento, se procederá a una precipitación con el empleo de acetato de plomo antes de la medición de los azúcares.

Para la determinación de azúcares totales, se han obtenido buenos resultados con el uso de métodos espectrofotométricos enzimáticos y no enzimáticos, en el primer caso se tienen los métodos de Dubois, el de Antrona – ácido sulfúrico y el de reducción del ácido 3,5-dinitrosalicïlico (DNS).

El método de Dubois utiliza la reacción del fenol / ácido sulfúrico, este último, reacciona con el ácido, el cuál causa deshidratación del monosacárido, y forma un furfural, que reacciona con el fenol formando un compuesto altamente conjugado, colorido que puede leerse a una absorbancia de 490 nm.

En el método de Antrona, al igual que el anterior, el medio ácido hidroliza el enlace glucosídico de la sacarosa y los monosacáridos resultantes reaccionan con la antrona produciendo un color verde – azulado. La contaminación con celulosa o fibras debe ser rigurosamente evitada.

El método de reducción del DNS, solo se requiere de este reactivo para formar con el sacárido el color que se leerá a 540nm. Sin embargo se debe considerar que si la muestra contiene di, tri o polisacáridos con más de un componente reductor, ésta deberá neutralizarse con NaOH 1N para evitar una posterior hidrólisis ácida (se sobrestimaría la cantidad del sacárido).

Si la muestra contiene proteínas éstas pueden producir falsos negativos, para evitarlos, se debe desproteinizar con ácido acético. Ej.: a 5 mL de leche añadir 1 mL de ácido acético 1N; centrifugar a 4.000 rpm durante 10 minutos.

En los métodos enzimáticos espectrofotométricos, el empleo de enzimas puede ser utilizado para:

a) La determinación de los sustratos de la reacción enzimática.
b) La determinación de las mismas enzimas.

Los hidratos de carbono no son volátiles por lo que para medirlos por medio de la cromatografía de gases, se deben transformar en silanoderivados, en reacciones con:

a) Hexametildisilizano + piridina
b) Trimeticlorosilano + piridina

13.2.1 Almidón y azúcares reductores directos (ARD).
Método Lane y Eynon. AOAC 16th Ed. Método 923.09, NOM 086-SSA1-1994

Este método está fundamentado en la reacción tipo, misma que tiene lugar entre las disoluciones de azúcares y la solución de FEHLING (sulfato de cobre, tartrato sódico potásico e hidróxido de sodio) que por calentamiento, produce un precipitado de óxido cuproso, proporcional a la cantidad de azúcar presente. $CuO \rightarrow Cu_2O$ = Azúcar, este último se mide por titulometría.

FIGURA 13.1 Metodología para determinar almidón y azúcares reductores directos

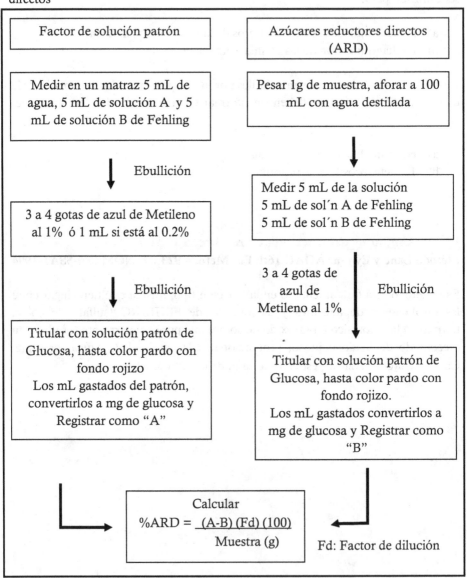

13.2.2 Azúcares reductores totales (ART) y almidón.
Método Lane y Eynon. AOAC 16th Ed. Método 923.09, NOM 086-SSA1-1994

FIGURA 13.2 Metodología para determinar azúcares reductores totales

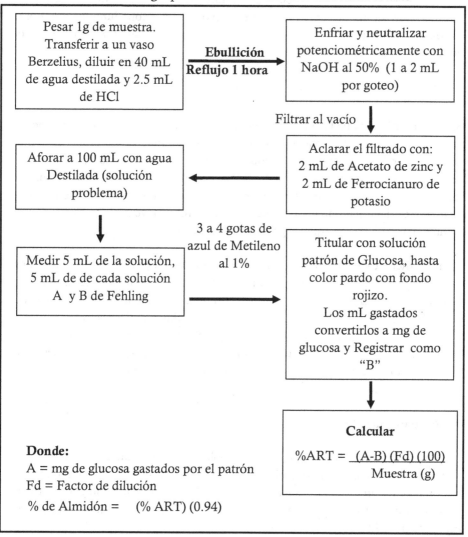

Pesar 1g de muestra. Transferir a un vaso Berzelius, diluir en 40 mL de agua destilada y 2.5 mL de HCl

Ebullición
Reflujo 1 hora

Enfriar y neutralizar potenciométricamente con NaOH al 50% (1 a 2 mL por goteo)

Filtrar al vacío

Aforar a 100 mL con agua Destilada (solución problema)

Aclarar el filtrado con: 2 mL de Acetato de zinc y 2 mL de Ferrocianuro de potasio

3 a 4 gotas de azul de Metileno al 1%

Medir 5 mL de la solución, 5 mL de de cada solución A y B de Fehling

Titular con solución patrón de Glucosa, hasta color pardo con fondo rojizo.
Los mL gastados convertirlos a mg de glucosa y Registrar como "B"

Calcular

$$\%ART = \frac{(A-B)\,(Fd)\,(100)}{Muestra\,(g)}$$

Donde:
A = mg de glucosa gastados por el patrón
Fd = Factor de dilución

% de Almidón =   (% ART) (0.94)

Nota:

Si al final de la filtración se observa material gelatinoso en el papel se tendrá que hacer una segunda digestión, por lo que dicho residuo se regresará al vaso berzelius anteriormente usado Se le agregarán 1.0 mL de HCl concentrado Y 50 mL de agua destilada; se llevarán de nuevo a ebullición durante otra hora. Enfriar, neutralizar con NaOH. Filtrar el líquido neutralizado y mezclarlo con el líquido obtenido del primer filtrado.

13.3 Métodos de análisis de fibra

Se ha determinado que la clásica digestión ácida-alcalina utilizada para obtener la porción fibrosa de los vegetales a la que se denomina fibra bruta da una cifra que guarda una relación variable e incierta con el valor nutritivo de la fibra obtenida. El método ideal debe aislar la lignina, la celulosa y la hemicelulosa con un mínimo de sustancias nitrogenadas. El residuo obtenido por digestión ácido-alcalina contiene cantidades considerables de proteína vegetal perdiéndose, en cambio, parte de lignina, que se gelatiniza o se disuelve.

La fibra dietética puede ser determinada comúnmente por dos aproximaciones básicas: gravimétricamente o químicamente, aunque también se utiliza un procedimiento enzimático rápido. En la primera aproximación los hidratos de carbono digeribles, lípidos y proteínas, son solubilizados selectivamente por químicos y/o enzimas. Los materiales indigeribles son recolectados por filtración y el residuo de fibra es cuantificado gravimétricamente. En la segunda aproximación, los hidratos de carbono digeribles son removidos por digestión enzimática, los componentes fibrosos son hidrolizados por ácido y los monosacáridos son medidos. La suma de los monosacáridos en el hidrolizado ácido representa la fibra.

El componente alimenticio que es más problemático en el análisis de fibra es el almidón. En ambas aproximaciones es necesario que todo el almidón sea removido para un estimado exacto de la fibra. Con la aproximación gravimétrica, la remoción incompleta de almidón incrementa el peso del residuo y abulta el estimado de la fibra.

En la segunda aproximación, la glucosa en el hidrolizado ácido considerado fibra. Por lo tanto, la glucosa que no es removida en los primeros pasos analíticos causa una sobre estimación de la fibra dietética.

Existen enzimas específicas para hidrolizar cada uno de los enlaces del almidón (amilasa amiloglucosidasa y pululanasa) las cuales hidrolizan los enlaces internos α-1-6 de las unidades de glucosa. Todos los métodos de fibra incluyen un paso de calentamiento entre 80 y 130 °C por un tiempo aproximado que oscila entre 10 min. y 3 horas para hinchar y desintegrar los gránulos de almidón. Igual con la gelatinización algo de almidón escapa a la digestión (solubilización) e incrementa los valores de la fibra.

Por esta razón es controversial el hecho de que se considere al almidón resistente como fibra.

En la aproximación gravimétrica es esencial que todo el material digerible sea removido de la muestra, tal que solamente los polisacáridos indigeribles permanezcan o que el residuo indigerible sea corregido como contaminante digerible remanente. Los lípidos son fácilmente removidos de la muestra con solventes orgánicos y generalmente no poseen problemas analíticos para el análisis de fibra. Las proteínas y minerales que no son removidos de la muestra durante los pasos de solubilización podrían ser corregidos por el análisis de nitrógeno por Kjeldahl y por porciones incineradas del residuo fibroso.

13.3.1 Métodos gravimétricos

Pueden ser usados para aislar varias fracciones las cuales son entonces cuantificadas por peso o diferencia en peso.

Fibra cruda: Este método fue desarrollado en los años 1950 para determinar hidratos de carbono indigeribles en alimentos para animales y la fibra en alimentos para humanos fue determinada como fibra cruda a partir de 1970. La fibra cruda es determinada por una digestión secuencial de la muestra con H_2SO_4 al 1.25% y después con NaOH al 1.25%. El residuo insoluble se obtiene por filtración, luego es secado y pesado. Allí se obtiene el peso de la fibra junto con el de los minerales.

Para obtener el contenido de fibra es necesario incinerar esta muestra, donde se elimina la fibra por incineración, quedando solamente el residuo de las cenizas constituido por los minerales. Por diferencia entre el peso anterior (antes de la incineración) y el de las cenizas se obtiene el de la fibra cruda (ver Figura 13.3).

La fibra cruda es una medida del contenido de celulosa y lignina en la muestra, pero los hidrocoloides, hemicelulosas y pectinas son solubilizadas y no pueden ser detectadas.

Método Detergente: Los métodos de fibra detergente ácida y fibra detergente neutra fueron adecuados y bien aceptados para hacer más exactos la estimación del contenido de lignina, celulosa y hemicelulosa en alimentos para animales; pero no se justifica su uso para determinar pectinas e hidrocoloides ya que estos constituyentes se encuentran en proporciones menores y aunque son importantes para la salud humana resultarían un método muy largo para analizar este tipo de alimentos.

13.3.1.1 Determinación de fibra cruda
AOAC 16th Ed. Método 962.09

Fibra Total, Soluble e Insoluble: Con el conocimiento de que la fibra soluble e insoluble producen respuestas fisiológicas diferentes y que ambas son importantes para la salud humana, se propusieron una serie de métodos con pequeñas diferencias entre sí. De todos hubo uno que fue el más común y ampliamente aceptado por la Asociación de Químicos Analíticos Internacionales (AOAC 1990) el cual representa una combinación de las metodologías anteriores fibra cruda, fibra detergente y metodologías de Southgate. Todos los métodos corrientes usan una combinación de α amilasa estable al calor y amiloglucosidasa para digerir y remover el almidón de la muestra. Los procedimientos gravimétricos entonces digieren y remueven proteínas con una proteasa. El material remanente indigerible (fibra) es recolectada por filtración y luego pesada. El residuo fibroso es corregido por proteína residual y contaminación por las cenizas.

FIGURA 13.3 Metodología para determinar contenido de fibra cruda

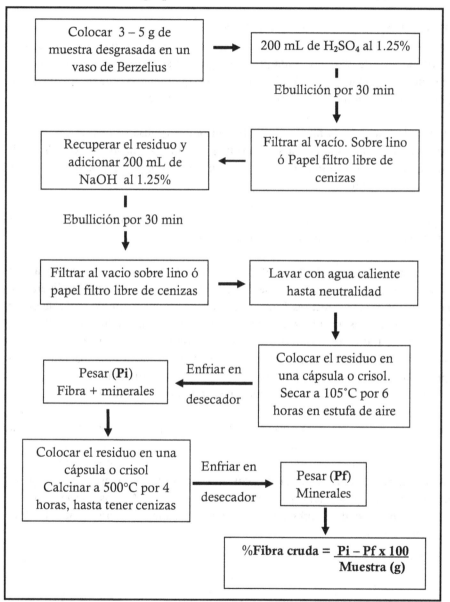

13.3.2 Métodos químicos

Método de Southgate. En 1969 y 1976, Southgate fue el primero que cuantificó sistemáticamente la fibra dietética en un amplio rango de alimentos. La química de los hidratos de carbono usada por Southgate ha sido mejorada y modernizada pero su aproximación es fundamental para que muchos sigan los métodos gravimétricos y químicos usados en la determinación de fibra.

El método fracciona la fibra en soluble e insoluble, polisacáridos no celulósicos, celulosa y lignina. Esta última se determina gravimétricamente y el contenido de polisacáridos es determinado de los constituyentes monosacáridos que se miden colorimétricamente.

Procedimiento Englyst-Cummings. Este es una versión modernizada del Southgate y una alternativa para el método del AOAC.

El almidón se gelatiniza y digiere enzimáticamente. Los polisacáridos remanentes diferentes al almidón se hidrolizan con ácido sulfúrico para liberar los monosacáridos. Los azúcares neutros se determinan por Cromatografía de Gases (CG) y los ácidos urónicos colorimétricamente. Un procedimiento alterno y rápido mide todos los monosacáridos por métodos colorimétricos. Los valores para la fibra total, soluble e insoluble pueden ser determinados por ambas aproximaciones. Con la CG la fibra puede ser dividida en celulosa y polisacáridos no celulósicos con valores para azúcares constituyentes.

Aproximación de Theander-Marlett. Debido a que los procedimientos de Theander-Marlett son tan similares se decidió unirlos y por eso se conocen con ese nombre. El único aspecto de la aproximación usada por esos dos grupos de investigadores son: Extracción de azúcares libres de la muestra en los pasos analíticos iniciales y cuantificación directa de lignina. Ambos aspectos fueron parte del método de Southgate pero no son incluidos en otras metodologías corrientes de fibra.

Los azúcares libres y lípidos son extraídos con etanol y hexano. El almidón se remueve por digestión enzimática y la fibra insoluble se separa de la soluble. Las fracciones de fibra se hidrolizan con ácido sulfúrico y el contenido de azúcar del hidrolizado ácido se determina. La lignina se mide gravimétricamente.

$$Fibra = monosacáridos - lignina$$

13.3.3 Comparación de métodos para determinación de fibra

El método modificado de la AOAC, el Englyst-Cummings y el Theander-Marlett son los más ampliamente usados para determinar fibra dietética. Esos tres métodos y otros muy similares dan resultados comparables del contenido de fibra para una amplia variedad de alimentos. En general el Englyst-Cummings da los valores de fibra más bajos porque la lignina y el almidón resistente no son incluidos como parte de la fibra en este método. Obviamente, los alimentos con una cantidad significativa de almidón resistente tales como hojuelas de maíz y alimentos con una elevada cantidad de lignina, tales como cereales, afrecho, mostrarán una desviación mayor.

El método de la AOAC sobrestima la fibra si el alimento es rico en azúcares simples (glucosa, fructosa y sacarosa), tales como en frutas secas y comidas compuestas. Es una hipótesis el hecho de que algunos azúcares simples son atrapados y precipitado con etanol si ellos no son extraídos a priori para análisis de fibra. Esto no parece ser un problema con el procedimiento Englyst-Cummings, posiblemente debido al pequeño tamaño relativo de la muestra y la gran cantidad de etanol usado para precipitar la fibra soluble. Con el tamaño de muestra pequeña ≤ 200 mg de materia seca en este procedimiento es imperativo que el alimento esté completamente homogéneo, tal que las submuestras puedan ser tomadas para análisis de fibra.

Los procedimientos de la AOAC y del anterior incorporan una enzima proteolítica para digerir la proteína. La proteólisis permite que algo de la fibra sea solubilizada lo cual en efecto mueve algo de la fracción de fibra insoluble en la fracción soluble. Además, la proteólisis tiene el efecto general de reducir la cantidad de material medida como lignina.

Los procedimientos de la AOAC incluyen almidón resistente como un componente de la fibra dietética. Productos cocidos, hojuelas y extruidos tendrán un valor en fibra significativamente alto si es determinado por el procedimiento de la AOAC que si son determinados por el Englyst-Cummings. El procedimiento rápido de este método requiere, al menos, una cantidad de tiempo, técnica y equipo especializado comparado a los otros comúnmente usados Overall, Englyst-Cummings y Theander-Marlett son más reproducibles que los del AOAC.

El método a elegir para la determinación de fibra, depende de:

a) La técnica disponible
b) El tiempo obligado para ello
c) Disponibilidad de cromatógrafo
d) Importancia del conocimiento sobre el contenido de los constituyentes integrados por azúcar, celulosa, no celulósicos, pectina o lignina.

CAPITULO 14

Estudio bromatológico de los Minerales (cenizas)

14.1 Propiedades de interés bromatológico de los minerales

Los elementos minerales en los alimentos se encuentran en a) combinaciones orgánicas de ácidos málico, oxálico, péptico entre otros, b) en forma de sales inorgánicas de fosfato, carbonato, cloruro, sulfato y nitrato, ó bien formando complejos con moléculas orgánicas; Ej. en los vegetales predominan los derivados del K^+ y en los animales los de NA^+, al incinerarlos, los carbonatos de potasio y sodio que se forman respectivamente, se volatilizan a 700 ° C y se pierden casi por completo a 900° C, además de que los fosfatos y carbonatos pueden reaccionar entre sí.

Es así que tras muchas determinaciones realizadas, se llegó a tomar como temperatura adecuada de incineración los 500°C - 550°C.

La determinación del contenido de cenizas es importante por diversas razones:

a) Son una parte del análisis proximal para la evaluación nutricional.
b) Las cenizas son el primer paso en la preparación de una muestra de alimentos para análisis elemental específico.
c) Se consideran como índice de adulteración, contaminación ó fraude. La determinación del contenido de cenizas sirve para obtener la pureza de algunos ingredientes que se usan en la elaboración de alimentos.

En cereales revela el tipo de refinamiento y molienda. Ejemplo una harina de trigo integral (todo el grano) contiene aproximadamente 2% de cenizas; mientras que la harina proveniente del endospermo tiene un contenido de cenizas de 0.3%.

Quiere decir que la mayoría de las cenizas están en las cáscaras. Se puede esperar un contenido de cenizas constante en productos animales, pero de otra fuente como las plantas, este puede ser variable.

Se usa como índice de calidad en: azúcar, pectinas, almidones, gelatina, y en el vinagre (hay normas al respecto) no sólo porque se establece el contenido de cenizas total sino además, el % de esa ceniza soluble en agua, en ácido y también la alcalinidad que presenta.

14.2 Preparación de las muestras para análisis de cenizas

Se utilizan generalmente entre 2 y 10 g de muestra. Para este propósito, la molienda o trituración probablemente no alterarán mucho el contenido de cenizas; sin embargo si estas cenizas son un paso previo para la determinación de minerales se debe tener cuidado ya que puede haber contaminación por micronutrimentos de los molinos de metal ó el uso repetido de materiales de vidrio. El agua también puede ser fuente de contaminación, por lo que se recomienda usar agua destilada desionizada.

Los materiales de las plantas son generalmente secados antes de la molienda por los métodos de rutina. La temperatura de secado es de pequeñas consecuencias para las cenizas. Sin embargo la muestra puede ser usada para determinaciones múltiples (proteína, fibra, etc.). Los materiales de las plantas con 15% o menos de humedad pueden ser incinerados sin secado previo.

Los productos de animales, mieles y especias requieren tratamiento previo a la incineración porque su alto contenido en grasas, humedad o azúcar pueden producir pérdidas de muestra. Estos materiales necesitan ser evaporados por secado en baño de vapor o con una lámpara infrarroja. Se pueden añadir una o dos gotas de aceite de oliva para permitir escapar al vapor ante la formación de una costra sobre el producto.

En el proceso de incineración de muchos productos (quesos, alimentos marinos, especias, etc.) pueden aparecer llamas ó humo, para evitarlo, no se debe subir bruscamente la temperatura de la mufla.

La temperatura se debe subir lentamente hasta 200°C y dejarla allí hasta quemar toda la materia orgánica (desprendimiento de humo sin llama), después se sube lentamente hasta 500°C aproximadamente cuando se trate del método de incineración. En este método a veces la selección de los crisoles se hace crítica porque ello depende de su uso específico. Existen crisoles de cuarzo, vicor, porcelana, platino, silica etc.

Los crisoles de cuarzo son resistentes a los ácidos y halógenos pero no a los álcalis a temperaturas altas. Los vycor son estables hasta 900°C; pero los Gooch Pyrec están limitados hasta 500°C. Los de porcelana se asemejan al cuarzo en sus propiedades físicas pero se quiebran con los cambios bruscos de temperaturas, son económicos. Los de acero son resistentes a los ácidos y álcalis, son baratos pero están constituidos por cromo y níquel los cuales son fuentes posibles de contaminación.

Los crisoles de platino son muy inertes y probablemente los mejores pero son muy caros para uso rutinario. Los de sílica son atacados por alimentos ácidos.

Todos los crisoles deben ser marcados con crayón de grafito para su identificación ya que otros tipos de marcadores generalmente se borran con las altas temperaturas.

14.3 Métodos para medir cenizas

Existen básicamente tres métodos para la determinación de cenizas que son:

a) **Calcinación (vía seca).** Es un método seguro, no requiere adición de reactivos y solo poca atención para evitar la formación de llamas, lo que se logra subiendo la temperatura lentamente hasta aproximadamente 200°C, al quemarse la materia orgánica, se eleva la temperatura hasta los 500°C. Entre sus desventajas se encuentran, el tiempo que se requiere, la pérdida de elementos volátiles (As, B, Cd, Cr, Fe, Pb, Hg, Ni, P, Zn) y las interacciones entre los elementos minerales y los crisoles. En este método, el agua y sustancias volátiles son evaporadas, mientras que las sustancias orgánicas son incineradas en presencia del oxígeno del aire para producir CO_2 y óxido de nitrógeno.

La mayoría de los minerales son convertidos a óxidos, sulfato, fosfato, cloruro y silicato. Los elementos tales como: Fe, Se, Pb y As, pueden volatilizarse parcialmente con este procedimiento, es por ello que otros métodos se deben usar como paso preliminar para análisis elemental específico (ver Figura 14.1).

b) **Oxidación Húmeda (digestión).** Oxidación de las sustancias orgánicas con ácidos y agentes oxidantes (nítrico, sulfúrico, perclórico y/o peróxido de hidrógeno) hasta la destrucción de la materia orgánica. Con este método se evita la volatilización de las cenizas y las deja como una preparación para un análisis elemental específico.

Es muy aplicado en muestras con alto contenido en grasas (carnes y derivados), utiliza temperaturas más bajas (350°C) y el tiempo de oxidación es corto. Sin embargo, se debe tener sumo cuidado con los reactivos corrosivos ó explosivos, solo puede manejar pocas muestras y se toma todo el tiempo del operador.

c) **Cenizas a baja temperatura (plasma).** Método de cenizas secas en el cuál los alimentos son oxidados en un vacío parcial, formado por un campo electromagnético. Las cenizas se obtienen a temperaturas mucho más bajas que en la mufla previniendo la volatilización de los elementos que las constituyen. Desafortunadamente, el equipo es costoso y solo pueden usarse pequeñas cantidades de muestras por lo que se limita a alimentos no frescos pues en éstos, el contenido de cenizas rara vez es mayor al 5%.

Además de determinar cenizas totales, en muchos alimentos es necesario medir las cenizas solubles e insolubles en agua, su alcalinidad y la proporción de cenizas solubles en ácidos.

14.3.1.1 Determinación de cenizas calcinación vía seca.
AOAC 16th Ed. Método 942.05

FIGURA 14.1 Metodología para determinar cenizas método vía seca

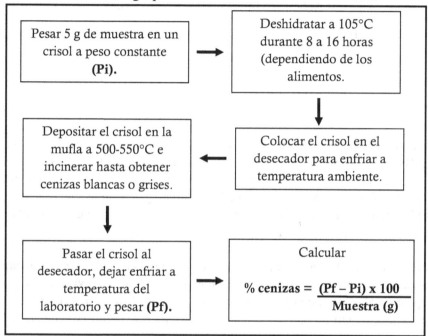

El análisis gravimétrico de los minerales está basado en el hecho de que los elementos constituyentes en cualquier compuesto puro, están siempre en las mismas proporciones por peso (No. De moles). Así, el constituyente deseado es separado de los contaminantes por precipitación selectiva, lavado, secado y pesado. El peso del elemento mineral, está en la misma proporción del peso del compuesto, igual que como se encuentra en el complejo precipitado. Ej.: El Cl extraído de la sal ($NaCl$).

1 mol de sal (58.5g) siempre tendrá 1 mol de Na (23g.) y 1 mol de Cl (35.5g.)

NaCl	+	AgNO$_3$		AgCl	+	NaNO$_3$
58.5		169.86	$\longrightarrow$	143.36		85.0
23 + 35.5		107.86 + 14.48		107.86 + 35.5		23 + 14 + 48

14.3.2 Determinación de cloruros

La muestra que contiene cloruros ya sea en las cenizas, agua ó polvos (no más de 0.7g /100 mL de agua), se acidula con ácido nítrico (HNO$_3$) diluido 1:10, se calienta sin que llegue a ebullición y se precipita agregando gota a gota una solución al 10% de nitrato de plata (AgNO$_3$), durante la precipitación, la solución deberá agitarse continuamente con una varilla de vidrio hasta que el precipitado se conglomere y el líquido se aclare.

Posteriormente se deja reposar por espacio de una hora en la obscuridad, se filtra y se lava con agua caliente ligeramente acidulada con HNO$_3$ hasta que desaparezca en el agua de lavado la reacción de iones plata, se procede a secar y pesar el precipitado de AgCl y calcular el contenido de cloro considerando la proporción molar.

Determinación de cloruros por Método de Mohr. Technical Inspection Procedures, USDA 1963.

La volumetría por precipitación, mide el volumen de un tipo de solución, necesario para precipitar completamente un anión o catión del compuesto que analiza. La valoración se hace con solución patrón de nitrato de plata (AgNO3), utilizando como indicador el ión cromato que induce un cambio de una coloración amarillo inicial a rojo ladrillo del cromato de plata formado al final. La solución debe tener un pH neutro (hasta 8.3) (ver Figura 14.2).

FIGURA 14.2 Metodología para determinar cloruros Método de Mohr

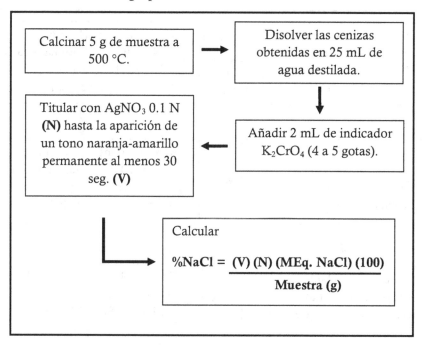

14.3.3 Determinación de calcio
AOAC 16th Ed. Método 972.02

El calcio puede ser determinado por precipitación como oxalato y convertido en CaO por ignición, reportado como peso de Ca^{++}/peso de muestra ó como porcentaje de Ca^{++} con el empleo de un método volumétrico (ver Figura 14.3).

FIGURA 14.3 Metodología para determinar calcio

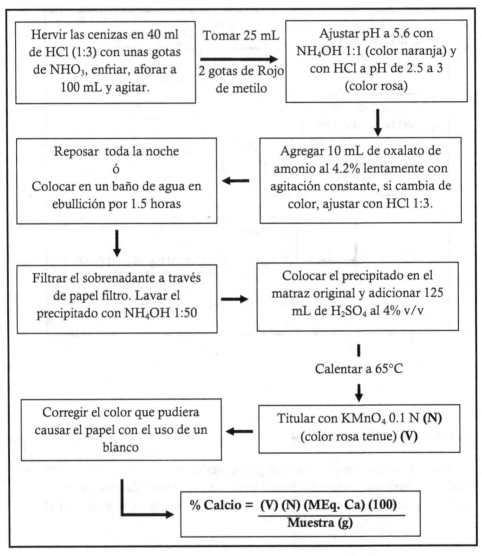

Hervir las cenizas en 40 ml de HCl (1:3) con unas gotas de NHO₃, enfriar, aforar a 100 mL y agitar.	Tomar 25 mL → 2 gotas de Rojo de metilo	Ajustar pH a 5.6 con NH₄OH 1:1 (color naranja) y con HCl a pH de 2.5 a 3 (color rosa)

Reposar toda la noche
ó
Colocar en un baño de agua en ebullición por 1.5 horas

Agregar 10 mL de oxalato de amonio al 4.2% lentamente con agitación constante, si cambia de color, ajustar con HCl 1:3.

Filtrar el sobrenadante a través de papel filtro. Lavar el precipitado con NH₄OH 1:50

Colocar el precipitado en el matraz original y adicionar 125 mL de H₂SO₄ al 4% v/v

Calentar a 65°C

Corregir el color que pudiera causar el papel con el uso de un blanco

Titular con KMnO₄ 0.1 N **(N)** (color rosa tenue) **(V)**

$$\% \text{ Calcio} = \frac{\text{(V) (N) (MEq. Ca) (100)}}{\text{Muestra (g)}}$$

CAPITULO 15

Vitaminas

Por la complejidad de sus estructuras, su limitada sensibilidad y las pequeñas cantidades de éstas en los alimentos, las vitaminas son difíciles de extraer. En el caso de las liposolubles, se separan unidas a la fracción grasa del alimento y previa saponificación con el uso de antioxidantes como la hidroquinona. Si se quieren obtener en forma individualizada, se utilizan el pirogalol ó el ácido ascórbico, mientras que las vitaminas hidrosolubles se quedan en la fase acuosa, para separar éstas de las proteínas y polisacáridos el alimento debe ser digerido por enzimas amilasas y proteasas antes de aplicar los diferentes métodos de medición entre los que se encuentran fluorescencia, espectrofotometría, cromatografía, volumetría y métodos microbiológicos.

15.1 Métodos de cuantificación de vitaminas

Los métodos de cuantificación de vitaminas se clasifican según sus fundamentos:

a) Métodos químicos: se fundamentan en reacciones de coloración o precipitación, por lo general son métodos rápidos y económicos pero no suficientemente específicos ya que sus reacciones pueden resultar también positivas para sustancias de estructura química similar pero sin actividad vitamínica.

b) Métodos físicos: se fundamentan en la medición directa de una propiedad óptica de la solución problema, sin previa adición de reactivos químicos. Ej.: la determinación de vitamina A por absorbancia de la luz ultravioleta a 328nm.

c) Métodos fisicoquímicos: se fundamentan en la medición de una propiedad física de la solución problema que se desarrolla previo tratamiento con reactivos químicos específicos. Ej.: métodos fotocolorimétricos para determinar dosis de las vitaminas A, Piridoxina (B6) y C. Igualmente en la actualidad, se utilizan los métodos de cromatografía de alta eficiencia (HPLC) que requieren de la extracción previa de las vitaminas, ya sea con enzimas en el caso de las hidrosolubles ó con solventes orgánicos y álcalis para las liposolubles.

d) Métodos biológicos: En éstos se mide la acción fisiológica de la vitamina en animales de experimentación reactivos, en los que se induce una deficiencia vitamínica y se estudian los efectos curativos de la vitamina que se valora en forma particular.

e) Métodos microbiológicos: se fundamentan en la incapacidad que tienen ciertos microorganismos de sintetizar una vitamina que le es esencial para su crecimiento y que puede adicionarse a los medios de cultivo para observar que el crecimiento, dentro de ciertos límites es proporcional a la vitamina que se introduzca en el medio. Se pueden hacer valoraciones por la turbidez observada en el cultivo (Nefelometría) ó por la valoración química del ácido liberado por los microorganismos que es proporcional al desarrollo bacteriano. Estos métodos son laboriosos, tardados y lo que es más importante, los resultados dependen muy significativamente de la experiencia y habilidad del analista.

Parte V

Técnicas aplicadas a alimentos específicos

Principios básicos de bromatología para estudiantes de nutrición

CAPÍTULO 16

Leche y derivados lácteos

16.1 Crema, yogurt, helado

La leche y su derivados son alimentos importantes desde el punto de vista nutricional, ricos en proteínas de alto valor biológico, con un elevado contenido en lisina, aminoácido indispensable para el crecimiento, grasas, hidratos de carbono, vitaminas principalmente A y D y minerales, como calcio y fósforo. Su consumo es variable entre los diversos países, al igual que los animales de los que se obtiene, como son vaca, cabra, oveja, búfalo y camello entre otros.

La leche de vaca proporciona unas 80 Kcal por 100 mL y contiene alrededor de un 85% de agua; 2.9 - 4% en proteínas (ver Tabla 16.1), principalmente caseína (alrededor del 80%), formada por varias moléculas de tipo alfa, beta, gamma, kappa y lambda, inmunoglobulinas, proteínas del suero, entre las que se encuentran la albúmina, las alfa y beta lactoalbuminas, proteínas solubles ricas en aminoácidos azufrados son proteínas fáciles de digerir, se encuentran en forma de solución y precipitan por calentamiento a 60° C.

TABLA 16.1 Composición general de la leche de vaca

Grasa	Proteínas N_2 x 6.38	Lactosa	Sólidos totales	Sólidos no grasos
3.48 + 0.23	3.5 + 0.14	4.93 + 0.27	11.89 + 0.38	8.41 + 0.32

*g /100 g de porción comestible

El contenido de grasa de la leche de vaca varía entre 2.5 - 5%, de los cuáles del 97 al 99% son triglicéridos formados por dos tercios de ácidos grasos saturados de cadena larga (ácidos palmítico y esteárico) y el tercio restante está conformado por ácidos grasos monoinsaturados (ácido oleico) y en menor cantidad por ácidos grasos poliinsaturados, colesterol y fosfolípidos (cefalina y lecitina) y ácidos grasos libres de cadenas cortas.

El hidrato de carbono presente en la leche es la lactosa en un 4 a 5%. Es un disacárido de sabor débil, sensible al calor, que puede ser fermentado por un proceso bacteriano para producir ácido láctico, éste induce la coagulación de la proteína, para la elaboración de leches fermentadas y quesos frescos.

Los minerales más importantes en su composición son calcio, fósforo, cloro sodio y potasio. Se encuentran particularmente en la fase coloidal de la leche unidos a micelas de caseína. El calcio tiene un importante papel en la coagulación enzimática de la leche en la elaboración de quesos. Mientras que el fosfato y/o citrato sódico o potásico, estabilizan la caseína ante el tratamiento térmico utilizado en la elaboración de productos lácteos.

La leche tiene una importante variedad de vitaminas, solo que en cantidades pequeñas, se distinguen las del complejo B (riboflavina, tiamina, cianocobalamina) y las vitaminas E y A en la leche entera.

Debido a la labilidad de la leche entera, el sistema de obtención de la leche y sus derivados se ha transformado de forma gradual en procesos industrializados, que permiten preparar diversos productos con el objetivo de conservar y adaptar la leche a diversas necesidades y gustos. Entre ello se tienen:

a) Productos fermentados. En éstos, la lactosa se transforma en ácido láctico y también se producen dióxido de carbono, ácido acético, acetaldehído y diacetilo que dan características sensoriales especiales a diversos productos como el yogurt y el kefir, elaborados por medio de bacterias lácticas (*Lactobacillus, Lactococcus, Streptococcus, Entecococcus, Leuconostoc y Pediococcus*) y levaduras.

b) Existe una nueva generación de productos fermentados a los que además de los fermentos lácticos tradicionales, se les adicionan probióticos (microorganismos vivos de los géneros lactobacillus y bifidobacterium), que se caracterizan por su capacidad de sobrevivir al paso por el tracto digestivo y contribuir al mejor balance microbiano intestinal.

c) Quesos, obtenidos por coagulación de la leche, seguida de separación del suero y posterior maduración con ayuda de microorganismos especiales, este proceso concentra la mayoría de los nutrimentos de la leche excepto la lactosa e incrementa la digestibilidad de la caseína.

   Se clasifican de acuerdo con diversos criterios, según el tipo de leche (vaca, cabra, oveja, entre otras.) que se emplea, el procedimiento de cuajado (acidificación, cuajo, combinación de ambos procedimientos), o el contenido en agua de la materia seca magra (%), los principales grupos van desde muy duros a blandos.

d) Crema, producto del desgrasado casi total de la leche (contenido residual de grasa 0.03-0.06%) mediante descremadoras, el contenido graso de la emulsión, varía entre 18 y 48%, se utiliza para consumo directo en diversas formas, o para fabricar mantequilla y helados.

e) Mantequilla, es la emulsión de agua en aceite que se forma por inversión de fase cuando se bate la crema. Dependiendo del proceso de elaboración se diferencian la mantequilla ácida, procedente de crema acidificada, y la mantequilla dulce, procedente de crema sin acidificar. La mantequilla contiene 81-85% de grasa, 1-16% de agua y 0.5-2% de sustancia seca magra.

f) Leche evaporada, producto de la deshidratación, que contiene alrededor de 25% de materia seca y 7.5% de materia grasa.

g) Leche condensada, se encuentra en el mercado como evaporada y condensada azucarada, se obtiene por eliminación parcial de agua y/o adicionada con sacarosa hasta una concentración entre 40 y 50% y un contenido de grasa entre 4 y 10 %. Para obtenerla, se calienta la leche previamente a 85-100° C durante 10-25 min. con objeto de precipitar la albúmina, destruir los gérmenes y evitar el peligro de posterior incremento de la viscosidad, y finalmente se concentra durante 15-25 min. a 40-80° C en evaporadores a vacío en operación continua. Tiene al menos 28% de materia seca y 8% de grasa.

h) Leche en polvo, producto obtenido del secado de la leche por medio de un proceso de pulverización o atomización a temperaturas entre 150 y 250°C, previa evaporación bajo condiciones de vacío que llevan a la leche de 12 a 50% de sólidos totales. Este mismo proceso se emplea para pulverizar otros productos como la crema, la mantequilla y sirve de base para la elaboración de leches maternizadas, al adicionarle proteínas del suero lácteo, sacarosa, lactosa, grasa vegetal, vitaminas, elementos traza y por reducción del contenido mineral o modificación de la relación Na/K.

16.2 Preparación de las muestras para el análisis bromatológico

16.2.1 Preparación de la muestra de leche
NOM-155-SCFI-2003.

Antes de tomar porciones para cada determinación analítica, la muestra de leche se mezcla perfectamente mediante inversiones lentas y continuas del recipiente que la contenga, o vaciándola con lentitud en vaso de precipitado repetidas veces.

La norma oficial mexicana NOM-155-SCFI-2003, a la letra dice. La reconstitución de la leche en polvo se deberá realizar de la siguiente forma:

Pesar un gramo de la leche en polvo en un vaso de precipitado de 100 mL disolver completamente con agua a 40°C - 42°C, dejar reposar 10 min y posteriormente adicionar 0.30 mL de ácido acético diluido 1:9, mezclar suavemente por rotación y dejar reposar de 3 a 5 min.

Principios básicos de bromatología para estudiantes de nutrición

16.2.2 Preparación de la muestra de crema
AOAC 16th Ed. Método 15.075, Método 6-27 Hart & Ficher, 1991.

Inmediatamente antes de retirar las muestras, agítese la nata manual o mecánicamente hasta formar una emulsión uniforme que fluya con facilidad. Si la muestra es muy espesa, caliéntese la muestra a unos 38°C y homogeneícese. Si se forman grumos de mantequilla, caliéntese la muestra a unos 38°C, introduciéndola en un baño de agua caliente (si la temperatura se eleva por encima de 38°C puede desestabilizarse parte de los glóbulos grasos dando lugar a que sobrenade cierta cantidad, especialmente si se trata de muestras delgadas o ligeras). Homogenice bien las alícuotas tomadas para los análisis y pésense de inmediato.

16.2.3 Preparación de la muestra de helado
Método 6-50 Hart & Fisher, 1991.

Productos simples; ablándese la muestra a la temperatura ambiente, sin calentarla, para evitar que se separe la grasa fundida. Mézclese bien agitándola con una cucharilla o trasvasándola repetidas veces.

Productos que contienen fruta, frutos secos, caramelo y otras especies piezas enteras: llénese el vaso de un homogeneizador o batidora no más de un tercio (125-250 g). Fundase a la temperatura ambiente o introduciendo el recipiente cerrado en una estufa a 27-40°C. Mézclese hasta obtener una pulpa fina y uniforme (de 2 a 5 minutos para los helados de fruta y hasta 7 minutos para los que contienen frutas secas o caramelo). Transfiérase la mezcla a un recipiente adecuado para su pesada. Agítese bien inmediatamente antes de cada pesada.

16.3 Análisis químico

Para las mediciones del análisis químico proximal, se utilizan las técnicas descritas en el AOAC, previamente mencionados en la Parte IV *Estudio bromatológico de los principales nutrimentos*

16.3.1 Determinación de humedad. Método de arena o gasa
NOM-116-SSA1-1994

Este método se basa en que al añadir arena o gasa se incrementa la superficie de contacto y la circulación del aire en la muestra, favoreciéndose así la evaporación durante el tratamiento térmico.

Material y Equipo
- ➤ Cápsulas de porcelana
- ➤ Pinzas para crisol
- ➤ Desecadores con placa
- ➤ Baño de agua ó placa calefactora
- ➤ Balanza analítica
- ➤ Estufa de aire

Reactivos
- ➤ Sílica gel con indicador de humedad
- ➤ Arena de mar tratada o gasa de algodón
- ➤ Agua destilada

Preparación de las cápsulas

Para cada muestra preparar dos cápsulas con 30 g de arena como máximo o gasa recortada al tamaño del fondo de la cápsula y poner a peso constante (2 horas a $100 \pm 2°C$).

Procedimiento

1. Colocar 1 a 10 g de muestra en la cápsula preparada, mezclar perfectamente con el soporte.
2. Evaporar a sequedad, por medio de un termobaño o placa calefactora a un máximo de 100°C. Durante la evaporación, el contenido de la cápsula debe removerse de vez en cuando al principio y más a menudo al final. Evitar las pérdidas de muestra y arena.
3. Secar durante 4 horas a $100 \pm 2°C$ en la estufa de aire.
4. Enfriar en desecador hasta temperatura ambiente y pesar inmediatamente con precisión de 0.1 mg.

Cálculo:

$$\% \text{ de Humedad} = (m_2 - m_3) \times 100 \, / \, m_2 - m_1$$

En donde:

m_1 = Peso de la cápsula con arena o gasa (g)

m_2 = Peso de la cápsula con arena o gasa más muestra húmeda (g)

m_3 = Peso de la cápsula con arena o gasa más muestra seca (g)

Nota: Indicar el valor medio de la determinación por duplicado con un decimal.

16.3.2 Determinación de sólidos totales. Método gravimétrico
AOAC 16th Ed. Método 927.12

El alimento está compuesto por materia seca y humedad. El contenido de humedad del alimento se determina por la diferencia del peso de la muestra inicial y la muestra deshidratada después de la aplicación de calor por un determinado tiempo. La materia seca se obtiene restando el contenido de humedad al peso de la muestra original.

Procedimiento

1. Pesar en un crisol a peso constante aproximadamente 5 g de leche.
2. Evaporar en termobaño hasta ebullición durante 30 minutos o hasta que desaparezca la mayor parte de la humedad.
3. Transferir a estufa de aire a 102 ± 2 °C y secar durante 2 horas.
4. Enfriar por 30 minutos en un desecador y pesar.
5. Repetir la operación hasta que la diferencia de peso no sea mayor a 1 mg.

Notas:

Si la acidez de la leche excede de 0.20% (como ácido láctico), parte del ácido presente puede volatilizarse durante el secado por lo que se aconseja neutralizar la leche con hidróxido de estroncio 0.05 *M*. En este caso es necesario deducir del peso del residuo que se obtiene, el equivalente de 0.00428 g por cada mL de estroncio 0.05 *M* que se emplea.

Cálculo:

% Sólidos totales = 100 - % Humedad

16.3.3 Análisis de acidez
AOAC 16ᵗʰ Ed. Método 947.05

El método para determinar la acidez en la leche se basa en una neutralización con una solución valorada de un álcali en presencia de fenolftaleína o, en su caso, utilizando un potenciómetro para detectar el pH de 8.3 que corresponde al fin de la titulación.

Reacción base:

$$CH_3\text{-}CHOH\text{-}COOH + NaOH \rightarrow CH_3\text{-}CHOH\text{-}COONa + H_2O$$

Material y Equipo
- Pipeta graduada de10 mL
- Pipeta volumétrica de 20 mL
- Matraz Erlenmeyer de 125 mL
- Bureta de 50 mL graduada
- Potenciómetro

Reactivos
- Hidróxido de Sodio 0.1 N
- Solución indicadora 1% de fenolftaleína
- Alcohol etílico
- Solución indicadora a 0.12% de cloruro ó acetato de rosanilina
- Solución buffer pH 7 para potenciómetro
- Solución buffer pH 10 para potenciómetro

Procedimiento

1. Medir 20 mL de muestra en un matraz y diluir con dos veces su volumen de H_2O libre de CO_2 (agua destilada hervida).
2. Añadir 2 mL de fenolftaleína y titular con NaOH 0.1N hasta la aparición de un color rosado persistente cuando menos por un minuto.

Para medir la acidez por medio del proceso potenciométrico

1. Medir 20 mL de leche adicionar 40 mL de agua libre de CO_2.
2. Titular con hidróxido de sodio 0.1 N hasta alcanzar un pH de 8.3

Cálculo:

$$\% \text{ Acidez (Ácido Láctico)} = V \times N \times mEq \times 100 \ / \ m$$

Donde:

V = mL de NaOH 0.1 N gastados en la titulación

N = Normalidad de la solución de NaOH

m = Volumen de la muestra

mEq = mEq de ácido láctico

16.3.4 Determinación de proteínas. Método micro Kjeldahl
NOM-155-SCFI-2003

Este método se basa en la descomposición de los compuestos de nitrógeno orgánico por ebullición con ácido sulfúrico. El hidrógeno y el carbón de la materia orgánica se oxidan para formar agua y bióxido de carbono. El ácido sulfúrico se transforma en sulfato, el cual reduce el material nitrogenado a sulfato de amonio. El amoniaco se libera después de la adición de hidróxido de sodio y se destila recibiéndose en una solución a 4% de ácido bórico. Se titula el nitrógeno amoniacal con una solución valorada de ácido, cuya normalidad depende de la cantidad de nitrógeno que contenga la muestra. En este método se usa el sulfato de cobre como catalizador y el sulfato de potasio para aumentar la temperatura de la mezcla y acelerar la digestión.

Material y Equipo
- Probeta de 50 mL
- Material común de laboratorio
- Equipo de digestión con control de temperatura ajustable
- Matraz o tubos de digestión y destilación
- Unidad de destilación y titulación, para aceptar tubo de digestión de 250 mL y frascos para titulación de 500 mL

Reactivos
- Ácido sulfúrico concentrado 98% (libre de nitrógeno)
- Hidróxido de sodio al 40%
- Sulfato de potasio
- Sulfato de cobre pentahidratado
- Ácido bórico al 4%
- Solución de ácido clorhídrico 0.1N
- Indicador Wesslob
- Tabletas Kjeldahl comerciales
- Rojo de metilo a 0.2%
- Azul de metileno a 0.2% en agua

Preparación de la muestra
1. Agregar al tubo de digestión 12 g de sulfato de potasio y 1 g de sulfato de cobre pentahidratado.
2. Calentar la leche a 38 ± 1°C. Mezclar la muestra para homogeneizar.
3. Pesar 5 ± 0.1 mL de la muestra caliente e inmediatamente colocarla en el tubo de digestión. (Nota: Los pesos deben ser registrados con una exactitud de 0.0001 g).

4. Adicionar 20 mL de ácido sulfúrico.
5. Cada día se deberá correr un blanco.

Digestión

1. Se fija una temperatura baja en el equipo de digestión (180 a 230°C) para evitar la formación de espuma. Se colocan los tubos, con el extractor conectado en el equipo de digestión. El vacío debe ser suficientemente bueno para eliminar los vapores.
2. Digerir por 30 minutos o hasta que se formen vapores blancos. Incrementar la temperatura de 410 a 430°C y digerir hasta que se aclare la solución. Podría ser necesario incrementar la temperatura en forma gradual, cada 20 minutos, para el control de la espuma. Evitar que la espuma dentro del tubo alcance el extractor o llegue a una distancia de 4 a 5 cm del borde superior del tubo.
3. Después de que la solución se aclare (cambio de color azul claro a verde), continúe la ebullición cuando menos por una hora. El tiempo aproximado de digestión es de 1.75 a 2.5 horas. Al término de la digestión, la solución debe ser clara y libre de material sin digerir.
4. Enfriar la solución a temperatura ambiente (aproximadamente por 25 minutos). La solución digerida debe ser líquida con pequeños cristales en el fondo del tubo (la cristalización excesiva indica poco ácido sulfúrico residual al fin de la digestión y podría generar bajos resultados. Para reducir las pérdidas de ácido durante la digestión, reducir la tasa de extracción de vapores).
5. Después de enfriar la solución a temperatura ambiente, adicionar 85 mL de agua (el blanco puede requerir 100 mL) a cada tubo, tape para mezclar y deje enfriar a temperatura ambiente.

Cuando se adiciona agua a temperatura ambiente se pueden formar algunos cristales, para después integrarse nuevamente a la solución; esto es normal. Los tubos se pueden tapar para llevar a cabo la destilación posteriormente.

Destilación

1. Coloque la solución de hidróxido de sodio a 50% (o 40%) en el depósito de álcali de la unidad de destilación. Ajuste el volumen de dosificación a 55 mL de NaOH a 50% (65 mL en el caso de NaOH a 40%).
2. Coloque el tubo de digestión que contiene la solución en la unidad de destilación.
3. Coloque un matraz Erlenmeyer de 500 mL con 50 mL de la solución de ácido bórico a 4% con indicador sobre la plataforma de recepción, asegurando que el tubo del condensador se encuentre dentro de la solución de ácido bórico.
4. Destilar hasta obtener un volumen de 150 mL. Retirar el matraz.
5. Titular el destilado con HCl 0.1N hasta cambio de color o utilizando el potenciómetro. Registrar el volumen utilizado de HCl con una exactitud de 0.05 mL.

Correr como estándar glicina o triptófano y sulfato de amonio con pureza de 99% para determinar el porcentaje de recuperación del método.

% recuperación sulfato de amonio = 99%

Glicina = 98%

Cálculo:

$$\% \text{ de Nitrógeno} = V \times N \times MEq. \ N_2 \times 100 \ / \ m$$

Donde:
V = volumen de ácido clorhídrico empleado en la titulación, en mL.
N= normalidad del ácido clorhídrico.
m = muestra en gramos.
$MEq. \ N_2$ = 0.014 gr.

El porcentaje de proteínas se obtiene multiplicando el porcentaje de nitrógeno obtenido por el factor de 6.38.

Nota.- Para convertir el % de proteína a g/L debe aplicarse la siguiente fórmula:
Proteína en g/L = % de proteína x 10 x densidad de la leche.

16.3.5 Determinación de caseína. Método Sörensen-Walker
Guía Práctica 2003, Universidad de Zulia, NOM 184-SSA1-2002   .

Al agregar formaldehído ($H_2C=O$) a la leche neutralizada, se liberan ácidos libres en proporción a la cantidad de proteínas presentes. Esta acidez producida puede ser titulada con álcali.

Materiales y Equipo
- Matraz Erlenmeyer de 250 mL
- Bureta de 50 mL
- Pipeta de 5 y 10 mL

Reactivos
- Hidróxido de Sodio (NaOH) 0.1N
- Formaldehído
- Indicador fenolftaleína

Procedimiento

1. Colocar 9 mL de leche en un matraz Erlenmeyer de 250 mL
2. Titular con NaOH 0.1N, y unas gotas de fenolftaleína hasta coloración rosa.
3. Agregar 2 mL de formaldehído ($H_2C=O$), mezclar y dejar reposar 5 minutos.
4. Titular nuevamente con NaOH 0.1 N y fenolftaleína hasta que aparezca la coloración rosa.

Calculo
$$\% \text{ de Caseína} = (V)(N)(1.46)(100) / M$$

Donde:
V = Volumen gastado de NaOH en la segunda titulación
N = Normalidad de NaOH
M = Volumen de la muestra

16.3.6 Análisis de grasa butírica. Método de Gerber
NOM-155-SCFI-2003

La grasa de la leche se encuentra en forma de emulsión y se estabiliza por medio de los fosfolípidos y las proteínas. El método Gerber se basa en la ruptura de la emulsión por la adición de ácido sulfúrico concentrado. La grasa libre puede separarse por centrifugación por la adición de una pequeña cantidad de alcohol amílico, el cual actúa como un agente tensoactivo que permite la separación nítida de las capas de grasa y la capa ácido-acuosa.

Material

> Pipetas volumétricas
> Tapones tipo Gerber, que consiste de un casquete de goma fijado a un juego metálico de cabeza plana, al cual se le adapta un pulsador por el orificio que define el aro metálico del tapón.
> Gradillas de acero inoxidable o de material plástico resistente a los ácidos para los butirómetros.

Equipo

> Butirómetro de vidrio, resistente a soluciones ácidas
> Medidor automático o pipeta de seguridad para liberar 10.0 ± 0.2 mL de ácido sulfúrico.
> Termobaño con control de temperatura para mantener a 65 ± 2°C.
> Termómetro de mercurio con capacidad para medir 65 ± 2°C.
> Medidor automático o pipeta de seguridad para liberar 1.0 ± 0.05 mL de alcohol amílico.
> Centrífuga para butirómetro capaz de girar a una velocidad media de 1200 rpm y puede o no tener control de temperatura.

Reactivos

> Ácido sulfúrico puro, de peso específico 1.820 ± 0.005 a 20°C aproximadamente a 90%, libre de óxido de nitrógeno y otras impurezas.
> Alcohol amílico 98% v/v, densidad a 20°C de 0.808 a 0.818 g/mL.

> En lugar de alcohol amílico se puede utilizar alcohol iso-amílico libre de grasa y furfural, de peso específico de 0.810-0.812 a 20°C.

Preparación de la muestra

1. Antes de analizar las muestras de leche se deben poner a una temperatura de 20°C. Si a 20°C no se obtiene un buen reparto de la grasa, se calienta la muestra de 35-40°C, se mezcla con cuidado y se enfría rápidamente a 20 ± 2°C.
2. Una vez a temperatura de 20°C, las muestras de leche se mezclan cuidadosamente, para evitar la formación de espuma y para que se efectúe un reparto homogéneo de la materia grasa.

Procedimiento

1. Colocar los butirómetros limpios y secos en una gradilla, se introducen en cada uno de ellos 10 mL de ácido sulfúrico, usando el medidor automático, cuidando de no impregnar el cuello del butirómetro.
2. Mezclar la muestra a analizar, invirtiendo el recipiente tapado tres o cuatro veces.
3. Inmediatamente medir 11 mL de leche (realizar el análisis por duplicado), depositándola en los butirómetros. La punta de la pipeta debe estar apoyada en posición oblicua (aproximadamente en ángulo de 45°) contra la pared interna del cuello del butirómetro.
4. Para permitir que la leche se deslice a lo largo del vidrio y se superponga al ácido sulfúrico sin producir rastros de ennegrecimiento (evitar que el ácido y la leche se mezclen).
5. Se añade 1.0 mL de alcohol amílico dentro de cada butirómetro.
6. Tapar el butirómetro, utilizando el pulsador como punto de presión.
7. Agitar los butirómetros en dos tiempos; en un primer tiempo se debe realizar una agitación vigorosa, sin interrupción y sin inversiones, hasta conseguir que la leche y el ácido sulfúrico se mezclen y la proteína se disuelva.
8. Invertir los butirómetros unas cuantas veces, permitiendo que el ácido de la sección de la escala graduada y el de la ampolla terminal se mezclen. La agitación termina cuando no queden vestigios de caseína sin disolver.

Durante esta operación se recomienda tener el butirómetro envuelto en una tela, ya que la mezcla de ácido sulfúrico con la leche ocasiona una reacción exotérmica.

9. Inmediatamente colocar los butirómetros en la centrífuga. Centrifugar los butirómetros durante 5 minutos, a la velocidad de 1000 a 1200 rpm.

10. Colocar los butirómetros, con la escala hacia arriba, en un termobaño a 65°C, durante 5 a 10 minutos, es importante que la capa de la grasa en la escala se mantenga enteramente inmersa en el agua caliente.

11. Apartar el butirómetro del termobaño y alzarlo verticalmente hasta que el menisco de la columna de grasa esté al nivel de los ojos. Ajustar la columna de grasa, girando con cuidado el tapón hasta colocar los límites de la capa de grasa dentro de la escala, haciendo coincidir la parte inferior de la capa de grasa con una de las divisiones de la escala del butirómetro.

La diferencia entre esta división y la correspondiente al menisco de la parte superior de la capa de grasa, indica el contenido de grasa de la leche en porcentaje p/v, repetir la centrifugación por 5 minutos y leer el resultado, informar este último.

Cálculo:

El contenido de grasa presente en la muestra, expresado en porcentaje, se calcula de la siguiente manera:

$$\text{\% de grasa butírica} = B - A$$

Donde:
A = es la lectura al inicio de la columna de grasa.
B = es la lectura de la parte superior de la columna de grasa
El resultado se expresa directamente en la grasa contenida en 100 mL de leche (% p/v)

Para convertir el resultado expresado en peso/volumen (p/v), este se divide entre la densidad de la leche. Expresando el resultado en (p/p), es decir gramos/100 g de leche.

16.3.7 Determinación de lactosa. Método Fehling-Causse-Bonnans
AOAC 1995, p. 195

Los métodos para determinación de hexosas, están basados en su capacidad de reducir las disoluciones alcalinas de las sales de los metales pesados.

La reacción tipo tiene lugar entre las disoluciones de azúcares y la solución de FEHLING (sulfato de cobre, tartrato sódico potásico e hidróxido de sodio) que por calentamiento, produce un precipitado de óxido cuproso, proporcional a la cantidad de azúcar presente. $CuO \rightarrow Cu_2O$ = Azúcar

Material y Equipo
➢ Matraz Erlenmeyer de 250 mL
➢ Matraz volumétrico de 250 mL
➢ Embudo
➢ Bureta de 50 mL
➢ Matraces Erlenmeyer de 50 mL
➢ Soporte universal

Reactivos
➢ Ácido acético al 40%
➢ Agua destilada
➢ Soluciones de Fehling A y B
➢ Indicador de Azul de metileno al 1%

Procedimiento
1. Colocar 25 mL de leche en un matraz Erlenmeyer de 250 mL.
2. Adicionar 1 mL de ácido acético al 40%, agitar y reposar durante 5 minutos.
3. Añadir 100 mL de agua destilada, agitar y reposar por 10 minutos.
4. Filtrar y lavar el filtrado, aforar a 250 mL y llenar la bureta con la solución clara.
5. Colocar 5 mL de cada una de las soluciones Fehling y 5 mL de agua en un matraz de 50 mL, calentar hasta ebullición, adicionar 4 a 6 gotas de indicador de azul de metileno.
6. Titular con la solución de lactosa, manteniendo la reacción a ebullición, hasta tener color pardo con fondo rojizo.

- Hacer una titulación con una solución de glucosa de 2mg/mL, para calcular el % de lactosa como azúcares reductores.

Principios básicos de bromatología para estudiantes de nutrición

CAPÍTULO 17

Cereales y derivados

17.1 Cereales

Los cereales constituyen un grupo de plantas que pertenecen a las gramíneas. Se caracterizan porque la semilla y el fruto son prácticamente lo mismo. Constituyen un producto básico en la alimentación de los diferentes pueblos, por su costo moderado y características nutritivas, ya que su elevado contenido de hidratos de carbono induce sensación de saciedad. Son fácilmente manejables tanto en forma culinaria como agroindustrial y se consumen de forma muy variada desde panes, bollos, pasteles, copos y cereales expandidos, hasta bebidas alcohólicas como la cerveza o el whisky. Los más utilizados en la alimentación humana son el trigo, el arroz y el maíz, aunque también son importantes la avena, la cebada, el centeno y el mijo (ver Tabla 17.1).

La semilla de los cereales es el elemento comestible y está constituida por varias partes (ver Figura 17.1):

- La cubierta o envoltura externa, formada básicamente por fibras de celulosa y tiamina, se retira durante la molienda del grano y da origen al salvado, elemento rico en su contenido de vitaminas, minerales y fibra.
- Germen o embrión, donde abundan las proteínas, contiene grasas insaturadas ricas en ácidos grasos esenciales, tiamina y vitamina E que se pierden en los procesos de refinado para obtener harina blanca.

- Núcleo, compuesto principalmente por almidón, en menor medida por celulosa, hemicelulosa, pentosanas, dextrinas y azúcares simples y en el caso del trigo, avena y centeno por un complejo proteico denominado gluten que está formado por dos proteínas: gliadina y gluteina, que le dan elasticidad y características panificables a la masa de pan y le aportan esponjosidad y textura, aunque no pueden ser consideradas como de alto valor biológico pues son deficientes en aminoácidos considerados indispensables como son la lisina, el triptófano o la treonina.

FIGURA 17.1 Corte transversal de un grano de trigo

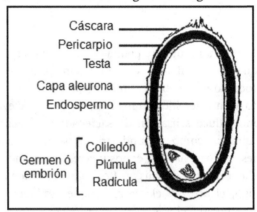

Los granos completos de los cereales, contienen compuestos fitoquímicos entre los que se encuentran, folatos, esteroles, tocoles (tocoferoles, tocotrienoles), fenólicos (lignanos, alquilresorcinoles), compuestos bioactivos importantes para la salud por sus efectos antioxidantes, antimicrobianos, anticancerígenos (ver Tabla 17.2).

Durante el proceso de industrialización, se obtienen los *cereales refinados* al retirar las cubiertas y el germen y los denominados *integrales*, cuando conservan las cubiertas por lo que, tienen mayor contenido de fibra, hidratos de carbono y tiamina.

Principios básicos de bromatología para estudiantes de nutrición

TABLA 17.1 Composición proximal de los cereales

Cereal	Humedad	Proteína	Grasa	Minerales	Hidratos de carbono	Fibra Dietética	Fibra cruda
Trigo	9.10	10.60	2.60	1.80	56.9	12.60	3.30
Maíz	10.60	9.40	4.70	1.60	62.4	11.00	3.20
Arroz	11.20	7.40	1.00	1.60	74.30	3.05	1.90
Avena	6.30	16.20	6.90	1.90	60.10	10.30	6.60
Cebada	10.50	10.60	2.30	2.70	56.10	17.30	6.50
Centeno	11.00	14.76	1.50	1.80	58.90	14.60	2.00
Sorgo	14.00	8.30	3.10	1.50	59.30	13.80	2.00
Mijo	9.50	5.8	4.60	1.50	66.30	8.50	5.20

g /100 g de porción comestible

17. 1.1 Harinas

Se conoce como harina al producto que se obtiene de la molienda de los granos como trigo, centeno, maíz, arroz, avena e incluso de plantas como la papa. Comúnmente se denomina harina al producto derivado del trigo (*triticum aestivum*). Cuando este producto, se deriva de la molienda de los trigos blandos se destina para la elaboración de pan, mientras que la obtenida de los trigos duros, se utiliza en pastelería y otros productos caseros como pastas y galletas.

Los productos que se obtienen de la molturación, se separan de acuerdo al tamaño de partícula, así las llamadas sémolas tienen un tamaño de entre 200 y 500 µm, la semolina 120 a 200 µm y la harina entre 14 y 120 µm

TABLA 17.2 Composición del salvado en diversos alimentos

Nutrimento	Trigo crudo	Avena cruda	Arroz crudo	Maíz crudo
Humedad (g)	9.89	6.55	6.73	4.71
Proteína (g)	15.55	17.30	13.35	8.36
Grasa (g)	4.25	7.02	20.85	0.92
Hidratos de carbono(g)	64.51	66.22	49.69	85.64
Fibra (g)	26.90	15.40	21.00	85.50
Potasio (mg)	1182	566	1485	44
Fósforo (mg	1013	734	1677	72
Magnesio (mg)	611	235	781	64
Manganeso (mg)	11.50	5.63	14.21	0.14
Tiamina (mg)	0.52	1.17	2.75	0.01
Riboflavina (mg)	0.57	220	284	100
Niacina (mg)	13.16	934	33.99	2.74
Piridoxina (mg)	1.30	166	4.07	152
Vitamina E (mg)	2.32	1.71	6.05	2.32
Ácido Fólico (µg)	79	62	63	4

100 g de porción comestible

Los procesos de molienda, oxidación y blanqueado de la harina afectan el contenido de nutrimentos del grano de que procede, así, la harina blanca es rica en hidratos de carbono pero carece de los minerales y vitaminas contenidos en el salvado y el germen, lo que obliga a la adición legal de estos elementos.

La harina contiene alrededor de 65 y un 70% de almidón, del cual entre el 20 y 30% es amilasa y el resto amilopectina, tiene de un 9 a 14%, de proteínas; principalmente gliadina y glutenina, que constituyen aproximadamente un 80% del contenido en gluten. Los lípidos, la celulosa, y el azúcar representan menos de un 4 % (ver Tabla 17.3).

TABLA 17.3 Composición de la harina de trigo

Nutrimento	Integral	Refinada
Agua	10.27	11.92
Energía (Kcal)	339	364
Grasa (g)	1.87	0.98
Proteína (g)	13.70	15.40
Hidratos de carbono (g)	72.57	76.31
Fibra (g)	12.20	2.70
Potasio (mg)	405	107
Fósforo (mg)	346	108
Hierro (mg)	3.88	4.64
Sodio (mg)	5	2
Magnesio (mg)	138	22
Calcio (mg)	34	15
Cobre (mg)	0.38	0.14
Zinc (mg)	2.93	0.70
Manganeso (μg)	3.79	0.68
Vitamina C (mg)	0	0
Vitamina A (UI)	0	0
Vitamina B1 (mg)	0.4	0.1
Vitamina B2 (mg)	0.22	0.04
Vitamina B3 (mg)	6.37	------
Vitamina B6 (mg)	0.34	0.2
Vitamina E (mg)	1230	0.06
Ácido Fólico (μg)	44	-------

100 g de alimento

17.2 Análisis químico

Para las mediciones del análisis químico proximal, se utilizan las técnicas descritas en el AOAC, previamente mencionados en la Parte IV *Estudio bromatológico de los principales nutrimentos.*

HUMEDAD
CENIZAS
PROTEÍNAS
EXTRACTO ETÉREO
AZÚCARES REDUCTORES TOTALES Y ALMIDÓN
FIBRA CRUDA
FIBRA DIETÉTICA SOLUBLE E INSOLUBLE
ALMIDÓN
GLUTEN HÚMEDO Y SECO

17.2.1 Método hidrolítico para la determinación del almidón
AOAC 16 th Ed. Métodos 920.34 y 906.03; R. LEES 1996. Método A15-b

Este método directo se basa en la hidrólisis ácida del almidón hasta glucosa la cual posteriormente se determina por el método de Lane y Eynon.

Material y Equipo
- Matraz Erlenmeyer de 500 mL
- Papel filtro Whatman no. 1
- Matraz volumétrico de 500 mL
- Balanza analítica
- Equipo de destilación

Reactivos
- Ácido clorhídrico
- Hidróxido de sodio
- Acetato de zinc al 12%
- Ferrocianuro de potasio al 6%

Procedimiento
1. Pesar 3 g de muestra desgrasada (puede usarse el residuo de las determinaciones de humedad y grasa) y colocarla en un Erlenmeyer de cuello esmerilado de 500 mL.
2. Añadir 107 mL de solución de ácido clorhídrico (100 mL de agua destilada y 7 mL de ácido clorhídrico concentrado).
3. Calentar a reflujo durante una hora.
4. Enfriar y neutralizar con hidróxido de sodio.
5. Filtrar el líquido al vacío a través de papel de filtro Whatman no. 1 (o equivalente).
6. Clarificar con 5 mL de acetato de zinc al 12% y 5 mL de ferrocianuro potásico al 6%.
7. Diluir hasta la señal de enrase y filtrar.
8. Realizar una determinación de azúcar reductor por el método de Lane y Eynon.

Cálculo:

$$\% \text{ de Almidón} = \% \text{ de azúcar invertido aparente x } 0.94$$

17.2.2 Análisis de gluten húmedo y gluten seco
NOM–086–SSA1–1994; Hard & Fischer, 1991. Método 4 -18.

Cuando las partículas de harina se humedecen y luego se amasan, se forma una masa coherente, cuyo carácter viscoso – elástico se atribuye al desarrollo de un complejo coloidal denominado gluten. Este compuesto está formado por glutenina y gliadina (que suman 85% de la fracción proteica), lípidos y los enlaces $H_2=$ contenidos en la harina de trigo.

Este método consiste en lavar la masa bajo un chorro de agua con el objetivo de eliminar el almidón y dejar sólo el gluten. Que posee gran capacidad de absorción y retención del agua.

Materiales y Equipo
- Mortero y pistilo
- Probeta de 25 mL
- Pipeta de 10 mL
- Tamiz
- Vaso de precipitado de 250 mL
- Balanza analítica
- Estufa de secado con circulación de aire a 120°C ó Estufa de secado con vacío a 70°C
- Desecador

Reactivos
- Solución de Lugol

Procedimiento
1. Mezclar en un mortero 25 g del alimento y 12 mL de agua. Dejar reposar 30 minutos.
2. Pasado este tiempo tomar la masa en las manos y lavar con cuidado debajo del chorro de agua, colocar bajo éste un tamiz donde si irá depositando el gluten. Suspender este procedimiento cuando el agua de lavado dé negativa a la prueba de lugol.
3. Comprimir el gluten húmedo con la mano, secar con un trapo y pesar (gluten húmedo).
4. Secar en estufa de aire a 105 ± 2°C hasta peso constante (gluten seco).

Cálculo:

$$\% \text{ gluten húmedo} = \text{peso del gluten (g)} \times 100 \, / \, M$$

% gluten seco = Se obtiene por diferencia del peso del gluten húmedo

Donde

M = Muestra en gramos

17.2.3 Fibra dietética soluble e insoluble en alimentos. Método gravimétrico-enzimático
AOAC 16th Ed. Método 991.43 y NOM-086-SSA1

En muestras por duplicado de alimento deshidratado, se extrae la grasa si contiene más de 10%. Proceder a gelatinizar con una α-amilasa termoestable (Termamyl), y digerir enzimáticamente con proteasa y amiloglucosidasa para remover la proteína y el almidón. Para fibra dietética total (FDT) al producto de la digestión enzimática se le adicionan etanol para precipitar la fibra dietética soluble antes de filtrar y el residuo de FDT se lava con alcohol y acetona, se seca y se pesa.

Remover las fibras soluble e insoluble (FDS y FDI).

Para FDI el producto de la digestión enzimática se lava con agua caliente, se filtra y el residuo se seca y se pesa. Para la FDS, el filtrado y aguas de lavado se precipitan con etanol y el residuo se seca y se pesa.

Se analizan por duplicado muestras para determinar contenido de nitrógeno (proteína) y otra para incinerar a 525°C, a fin de determinar el contenido de cenizas.

Los valores de FDT, FDI y FDS se corrigen de acuerdo al contenido de proteína, cenizas y el blanco.

Materiales

- ➢ Vasos de precipitado altos de 400 a 600 mL
- ➢ Material común de laboratorio
- ➢ Crisol para calcinar de porosidad número 2 o preparado con 0.5 g de celita y a peso constante.

Equipo

- ➢ Balanza analítica con una sensibilidad de 0.1 mg
- ➢ Termobaño con agitador magnético

- ➤ Bomba de vacío
- ➤ Estufa con vacío
- ➤ Mufla
- ➤ Desecador
- ➤ Potenciómetro (Estandarizar con buffers a pH 7 y pH 4)

Reactivos

- ➤ Etanol a 95% v/v grado técnico
- ➤ Etanol a 78% v/v a partir del alcohol a 95%
- ➤ Acetona G.R.
- ➤ Buffer de fosfatos 0.08 M pH 6.0
- ➤ Solución de α-amilasa termoestable (Termomyl)
- ➤ Proteasa
- ➤ Amiloglucosidasa
- ➤ Solución de hidróxido de sodio (NaOH) 0.275 N
- ➤ Solución de ácido clorhídrico (HCl) 0.325 M ó 0.561 M
- ➤ Celita C-211 lavada con ácido
- ➤ Solución de ácido sulfúrico (H_2SO_4) 1N

PREPARACIÓN DE LA MUESTRA

Secar la muestra en horno con vacío a 70°C, desengrasar si la muestra tiene más de 10% de grasa y/o moler (pasarla a través de una malla de 0.3-0.5 mm.) el producto sólo si es verdaderamente necesario.

Procedimiento

1. Pesar por duplicado 1.0 g de muestra (los pesos de la muestra no deben diferir más de 20 mg).
2. Adicionar 50 mL de buffer de fosfatos a cada vaso. Checar el pH y ajustar si es necesario a pH 6 ± 0.2 (ó 40 mL de buffer MES-TRIS pH 8.2) en constante agitación para prevenir la formación de grumos.

3. Adicionar 0.1 mL de solución de α-amilasa para gelatinizar el almidón. Cubrir el vaso con una hoja delgada de aluminio y colocarla en termobaño a ebullición de 95 a 100°C por 15 min, agitar ligeramente cada 5 min.
4. Enfriar a 60°C, remover cualquier anillo de gel que tenga el vaso con una espátula y enjuagarla con 10 mL de agua.

Hidrólisis de las proteínas.

5. Ajustar el pH a 7.5 ± 0.2 por adición de 10 mL de solución NaOH 0.275 N, (En caso de utilizar el buffer MES-TRIS no se requiere ajustar el pH).
6. Adicionar 100 μL de una solución de proteasa (50 mg/mL en buffer de fosfatos ó MES-TRIS) a cada muestra, cubrir con una hoja delgada de aluminio e incubar durante 30 minutos a 60°C con agitación continua.

Hidrólisis del almidón.

7. Adicionar 10 mL de la solución de HCl 0.325 M (ó 5 mL de HCl 0.561N Medir el pH y adicionar gotas HCl ó NaOH 1N si es necesario. El pH final debe ser de 4.0 a 4.6 a 60°C.
8. Adicionar 300 μL de solución de amiloglucosidasa, cubrir con una hoja delgada de aluminio e incubar 30 min a 60°C en termobaño con agitación continua.

Precipitación de la fibra.

9. Retirar los vasos del termobaño y añadir a cada uno de ellos 280 mL de etanol a 95% precalentado a 60°C (medir el volumen antes del calentamiento). Dejar que se forme el precipitado a temperatura ambiente durante 60 min.
10. Pesar dos crisoles, con una aproximación de 0.1 mg previamente secados con celita, humedecer y distribuir la cama de celita en el crisol con de 15 mL de etanol a 78%. (Aplicar succión para jalar la celita sobre un fragmento de vidrio liso como una capa uniforme). Filtrar a través del crisol el digerido enzimático (cuidar de bajar todo el precipitado con una espátula y enjuagarla con alcohol a 78%).

11. Lavar el residuo con el uso de vacío, sucesivamente con 3 porciones de 20 mL de etanol a 78%, 2 porciones de 10 mL de etanol a 95% y 2 porciones de 10 mL de acetona. En algunas muestras puede formarse una goma atrapando el líquido, si es así, romper la capa de la superficie con espátula para mejorar la filtración.

12. Secar el crisol con el residuo toda la noche en un horno con vacío a 70°C, en horno de aire a 105°C o en una estufa a $102 \pm 2°C$.

13. Enfriar en el desecador (aproximadamente 1 hora) y pesar con una aproximación de 0.1 mg.

14. Sustraer el peso del crisol y de la celita para determinar el peso de los residuos.

15. Analizar el residuo de una de las muestras del duplicado para proteína, usando N_2 x 6.25 como factor de conversión, excepto en los casos donde el contenido de N_2 se conoce.

16. Incinerar el segundo residuo a 5 h a 525°C. Enfriar en el desecador y pesar con una aproximación de 0.1 mg.

17. Sustraer el peso del crisol y celita para determinar las cenizas.

Nota: Para evitar que el crisol filtrante se rompa, se debe introducir en el horno ajustado a máximo 150°C y luego aumentar la temperatura a 525°C. Asimismo, después de la incineración, se debe dejar enfriar el crisol primero en el horno hasta 200°C antes de introducirlo en el desecador.

Preparación del blanco

Correr un blanco en forma paralela con las muestras para medir cualquier contribución desde el reactivo al residuo, para tal efecto, pesar por duplicado, con una aproximación de 0.1 mg, muestras de 1 g dentro de vasos de precipitados largos de 400 mL.

Durante la primera serie de análisis y cada vez que se utiliza un nuevo reactivo, efectuar un ensayo en blanco en las mismas condiciones que la determinación.

Cálculo:

Determinación del blanco

$$B = \text{blanco mg} = \text{peso residuo} - PB - AB$$

Donde:

Peso del residuo = promedio de los pesos de residuos (mg) para las determinaciones del blanco duplicado

PB = pesos (mg) de proteína

AB = pesos (mg) cenizas.

Determinar residuos en el primero (PB) y segundo (AB).

Calcular la fibra dietética total (TDF) como sigue:

$$\% \text{ de TDF} = [\text{peso del residuo} - P - A - B / \text{ peso de la muestra}] \times 100$$

Donde:

Peso del residuo = promedio de los pesos (mg) para el duplicado de muestras determinadas.

P y A = pesos (mg) de proteína y ceniza respectivamente en el primero y segundo residuos de las muestras.

Peso de la muestra = promedio de peso (mg) de las 2 muestras tomadas.

B = blanco en mg.

CAPÍTULO 18

Huevo, carnes y embutidos

18. 1 Huevo

El huevo en las diferentes especies animales, está constituido por: a) una cáscara externa rica en minerales, b) la yema o vitelo que es rica en lípidos y c) la clara o albumen, rica en proteínas. Tienen una composición poco variable, aunque influenciable por la alimentación del animal (ver Figura 18.1).

El peso promedio del huevo de gallina, el más utilizado en la alimentación, oscila entre 50 y 70 g, de los cuáles el 57% corresponde a la clara, 32% a la yema y 11% al cascarón, el aporte calórico por un huevo es de aproximadamente 75 Kcal (ver Tabla 18.1).

FIGURA 18.1 Estructura del huevo en un corte transversal

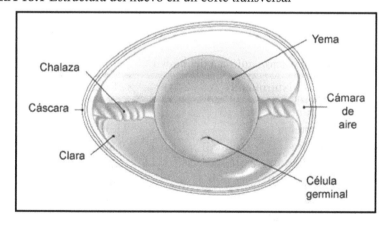

La proteína del huevo se considera de la más alta calidad con una elevada digestibilidad y un valor biológico de 96 a 100%. Sus principales componentes son: en la clara, la ovoalbúmina, conalbumina u ovotransferrina, ovomucoide, lisozima y ovoglobulinas y en la yema, lipovitelinas, lipoproteínas de baja densidad y fosvitina.

La composición lipídica del huevo, radica principalmente en la yema, donde los principales componentes son triglicéridos (41%), fosfolípidos (18.5%) y colesterol (3.5%). La proporción de los ácidos grasos depende, en gran parte, de la alimentación del animal. Un huevo contiene aproximadamente 7.5 g de lípidos totales, de los que 2.0 g son ácidos grasos saturados, 1.1 g ácidos grasos poliinsaturados y 3.0 g a ácidos grasos monoinsaturados. Además, el huevo es una de las principales fuentes de fosfolípidos (lecitina), aporta cantidades significativas de ácidos, oleico y linoleico y contiene los fitonutrimentos, luteína y zeaxantina que actúan como antioxidantes.

Es notable el contenido de las vitaminas A, D y E en la yema y de las vitaminas hidrosolubles en la clara (tiamina, riboflavina, ácido nicotínico, piridoxina, ácido pantoténico, biotina, ácido fólico).

Los minerales presentes en el huevo son: calcio, magnesio, yodo, hierro, zinc, fósforo, potasio, sodio, cloro.

TABLA 18.1 Composición química del huevo

Nutrimento	g /100g
Humedad	75.00
Proteína	11.30
Grasa	9.80
Hidratos de carbono	2.70
Colesterol	0.41
Minerales	0.90
Vitaminas	0.74

18. 2 Carnes

Tradicionalmente, las especies convencionales para carne como alimento, incluyen las de ganado, bovino, porcino, ovino, caprino, caballar, venados, conejos, mamíferos marinos, así como diversas especies de aves de corral y de caza.

Se considera a la carne de acuerdo al código alimentario, como la parte comestible de los músculos de animales sacrificados en condiciones higiénicas. La Secretaría de Salud, la define como la estructura compuesta por fibra muscular estriada acompañada o no de tejido conjuntivo elástico, grasas, fibras nerviosas, vasos linfáticos y sanguíneos de las especies animales autorizadas para consumo humano.

Nutricionalmente, la carne en promedio está compuesta por agua (50 – 80%), proteínas (15 – 20%), grasa (10 – 20%), aproximadamente 3% de sustancias no proteínicas solubles, entre las que se encuentran vitaminas del complejo B, enzimas, fósforo, zinc, entre otros (ver Figura 18.2).

TABLA 18.2 Composición química de la carne g / 100 g

Tipo de carne	Humedad	Proteína	Grasa	Colesterol
Pollo	70.60	18.20	10.20	75.00 mg
Pavo	58030	20.10	20.20	69.00 mg
Res magra Semi gorda	62.1	18.70	18.20	69.00 mg
Cerdo Semi gorda	67.00	15.50	16.6	98.00 mg
Borrego	61.40	18.20	19.40	65.00 mg

18. 3 Embutidos

Embutido, es una pieza de carne generalmente picada y condimentada con hierbas aromáticas y diferentes especias (pimentón, pimienta, ajos, romero, tomillo, clavo de olor, jengibre, nuez moscada), que es introducida (embutida) en piel de tripas de cerdo o tripa artificial, que puede ser o no comestible.

La elaboración del embutido en general, pasa por dos fases: picado y embuchado, y curado, su forma de curación ha hecho que sea fácilmente conservable a lo largo de relativamente largos periodos de tiempo

Desde el punto de vista de la práctica de elaboración, se clasifican como:

Embutidos crudos: aquellos elaborados con carnes y grasa crudos, sometidos a un ahumado o maduración. Por ejemplo: chorizos, salchichas y salames.

Embutidos escaldados: aquellos cuya pasta es incorporada cruda, sufriendo el tratamiento térmico (cocción) y ahumado opcional, luego de ser embutidos. Por ejemplo: mortadelas, salchichas tipo frankfurt, jamón cocido, etc. La temperatura externa del agua o de los hornos de cocimiento no debe pasar de 75 - 80°C. Los productos elaborados con féculas se secan con una temperatura interior de 72 - 75°C y sin fécula 70 - 72°C.

Embutidos cocidos: cuando la totalidad de la pasta o parte de ella se cuece antes de incorporarla a la masa. Por ejemplo: morcillas, paté, queso de cerdo, etc. La temperatura externa del agua o vapor debe estar entre 80 y 90°C, sacando el producto a una temperatura interior de 80 - 83°C.

El proceso de curado juega un papel decisivo para la capacidad de conservación, estabilidad del color y formación de aroma y se conocen diversos procedimientos de curado:

- Seco: las piezas de carne se apilan bien con las diferentes mezclas de sal común/nitrato o sal común curante de nitrito.

- Húmedo: introducción de las piezas de carne en la salmuera que contiene entre 18 – 20% de sal.
- Al vacío: método de salazón de jamones y carne.

Además de las especies que se incorporan en la preparación de los embutidos, también suelen adicionarse sustancias no cárnicas, denominadas ligantes, de relleno, emulsionantes o estabilizantes entre los que se encuentran, almidones, harina de trigo, gomas arábiga, de tragananto, alginatos, ácido ascórbico y tocoferoles.

18.4 Preparación de las muestras para el análisis bromatológico

18.4.1 Preparación de la muestra para el análisis de huevo
AOAC 16th Ed. Método 925.29

Huevo líquido

Transferir aproximadamente 300 g de huevo, mezclarlos con ayuda de un cucharón a un recipiente, el cual debe ser cerrado herméticamente, para conservarse a una temperatura de 0°C. Antes de realizar cualquier análisis, la muestra debe alcanzar la temperatura ambiente.

Huevo en polvo

De la muestra representativa, tomar de 300 a 500 g de producto. Si la muestra contiene grumos, antes de pesar el alimento, éste se debe pasar tres veces a través de un cernidor de harina hasta romper completamente las aglutinaciones. Poner el producto en un recipiente, cerrarlo herméticamente y mantenerlo en un lugar fresco.

Huevo congelado

Obtener una muestra representativa del huevo a partir de los recipientes previamente seleccionados, perforarlos con ayuda de una barrena, se retiran los cristales de hielo que se encuentren en la superficie del envase y perforar en por lo menos tres puntos equidistantes pertenecientes a un círculo imaginario situado a medio camino entre el centro y la circunferencia del recipiente. A continuación, realizar la perforación hasta aproximarse tanto como sea posible al fondo.

Recoger en una cápsula de porcelana la totalidad de "virutas" obtenidas en las perforaciones hasta totalizar de 250 – 500 g. Envasar herméticamente en un recipiente, el cual debe estar completamente lleno, con objeto de evitar la deshidratación parcial del producto. El envase se debe conservar a 0°C ó en ambiente de CO_2 sólido. Antes de realizar los análisis la muestra debe calentarse en un baño de agua a menos de 50°C, posteriormente se debe mezclar perfectamente.

18.4.2 Preparación de la muestra de carne
AOAC 16th Ed. Vol. II. Capítulo 39; Kirk, R.S. y col. 2002

Con el objetivo de prevenir pérdidas de humedad, utilice una cantidad razonable de muestra, en relación con la picadora que se va a utilizar. Posteriormente mantener el material molido en un recipiente de vidrio herméticamente cerrado y a prueba de agua.

Se retira cualquier hueso de la muestra y se corta a la perfección en una cortadora eléctrica para alimentos con cuchillas rotatorias. Se mezcla bien, y se analiza tan pronto sea posible; no deben transcurrir más de 24 horas tras la preparación y almacenamiento.

18.5 Análisis químico

Para las mediciones del análisis químico proximal, se utilizan las técnicas descritas en el AOAC, previamente mencionados en la Parte *IV Estudio bromatológico de los principales nutrimentos.*

18.5.1 Análisis de grasa en huevo
AOAC 18th Ed. Método 925.32

Material y Equipo
- Tubos de Mojonnier
- Placa de calentamiento
- Campana de extracción

Reactivos
- Ácido clorhídrico (HCl)
- Agua destilada
- Éter dietílico
- Éter de petróleo

Procedimiento
1. Si la muestra es líquida, colocar 2g de yema o 3g de huevo entero, adicionar 10 mL de HCl en un recipiente Mojonnier.
2. Si la muestra es sólida pesar 1g, adicionar 10 mL de HCl diluido 5:1 y agitar vigorosamente en un recipiente Mojonnier.
3. Colocar el recipiente en baño maría a 70°C hasta ebullición, durante 30 minutos, agitando cada 5 minutos.
4. Separar de la fuente de calor y adicionar H_2O hasta el borde del bulbo del tubo, enfriar a temperatura ambiente.
5. Para la extracción, adicionar 25 mL de éter dietílico, mezclar por espacio de 1 minuto.
6. Añadir 25 mL de éter de petróleo, mezclar durante 1 minuto y dejar en reposo, hasta que la capa del solvente esté clara.
7. Separar por decantación la fase etérea (puede filtrarse a través de una capa de algodón compacto con un lavado adicional de solventes) y colocarla en un recipiente a peso constante.
8. Repetir la operación, utilizando únicamente 15 mL de cada tipo de éter y juntar las fases etéreas.
9. Evaporar la fase etérea con una fuente de calor, máximo a 60°C dentro de una campana de extracción.
10. Calcular el contenido de grasa por diferencia de peso y expresarla en porcentaje.

Principios básicos de bromatología para estudiantes de nutrición

18.5.2 Análisis de colesterol
AOAC 18th Ed. Método 941.09

El lípido es extraído a partir de la muestra mediante mezcla de solventes y saponificación. La fracción insaponificable que contiene colesterol y otros esteroides se extraen con éter dietílico. La oxidación de yoduro de potasio por el material lipídico de la muestra libera el yodo, el cual es titulado con tiosulfato de sodio.

Material y Equipo
- Soporte universal
- Pinzas para bureta
- Buretas
- Matraces Erlenmeyer de 125 y 250 mL
- Pera de decantación
- Crisoles Gooch
- Balanza analítica

Reactivos
- Soluciones de hidróxido de potasio (KOH), 2M y 10%, 20% y 60% (p/p)
- Etanol
- Éter dietílico
- Soluciones de ácido clorhídrico (HCl), 2M y 6M
- Agua destilada
- Solución de Bromo (0.22g ± 0.02 g de Br_2/mL de CCl_4)
- Ácido acético (CH_3COOH) a 80%
- Cloruro de sodio (NaCl)
- Fosfato de sodio Na_2HPO_4)
- Hipoclorito de sodio a 5%
- Formiato sódico a 50%
- Molibdato amónico a 5%
- Tiosulfato de sodio 0.02M
- Almidón a 1%

Procedimiento
1. Pesar con exactitud de 1 a 2 g de muestra y añadir 10 mL de hidróxido de potasio a 60 % (p/p). Colocar en el baño de agua caliente durante tres horas.
2. Enfriar, añadir etanol y dispersar.
3. Extraer la solución tres veces con alícuotas de 50 mL de éter dietílico.
4. Lavar la mezcla en un pera de decantación y añadir 100 mL de hidróxido de potasio a 10%. Agitar y separar las fases.

5. Añadir 50 mL de éter dietílico a la capa acuosa. Agitar, separar y combinar las fases etéreas.

6. Agitar las fases etéreas combinadas con cantidades de 25 mL de cada uno de los reactivos siguientes: KOH 2 M, HCl 2 M y dos veces con agua destilada.

7. Filtrar sobre una capa de 15 g de sulfato sódico cuidando de no aplicar vacío al inicio, lavar con diferentes volúmenes de éter dietílico (10, 5, 5 y 5 mL).

8. Evaporar el éter. Añadir 2 mL de éter asegurándose de que toda la fracción insaponificable se encuentra en solución.

9. Añadir 0.2 mL de solución de bromo y dejar reposar la mezcla en baño de hielo durante diez minutos.

10. Añadir rápidamente 15 mL de ácido acético a 80 % (p/v) y dejar durante otros diez minutos en baño de hielo.

11. Filtrar la solución a través de un crisol de Gooch lavando con ácido acético enfriado con hielo. Lavar tres veces con agua helada.

12. Lavar el filtro con 10 mL de alcohol, cuatro alícuotas de 5 mL de éter dietílico y dos alícuotas de 5 mL de etanol.

13. Añadir 1 mL de hidróxido de potasio a 10 % a la mezcla de alcohol-éter y evaporar a sequedad.

14. Adicionar al residuo 50 mL de agua y neutralizar con solución de ácido clorhídrico 6 M.

15. Añadir 10 g de cloruro sódico, 3 g de fosfato sódico y 20 mL de hipoclorito sódico. Hervir. Retirar del calor y añadir lentamente 5 mL de formiato sódico a 50 %.

16. Enfriar rápidamente y añadir 100 mL de agua, 5 mL de solución de yoduro de potasio a 20 %, dos gotas de solución de molibdato amónico al 5 % y 25 mL de solución de ácido clorhídrico 6 M.

17. Titular usando tiosulfato de sodio 0.02 M y solución recién preparada de almidón a 1 % como indicador.

Cálculo:

$$\text{mg de colesterol} = (0.55 + 0.688)\,(V)$$

Donde:
V = Volumen gastado de tiosulfato

CAPÍTULO 19

Frutas, verduras y leguminosas

19.1 Frutas y verduras

Estos alimentos se definen como frutas, los ovarios maduros de las plantas con sus semillas. Su porción comestible es la parte carnosa que rodea a las semillas. Hortalizas, partes de los vegetales en estado fresco que se utilizan directamente para el consumo humano, dentro de ellas se encuentran las verduras, que son hortalizas en las que la parte comestible de la planta son los órganos verdes como tallos u hojas. En este grupo también se consideran las verduras que incluyen las legumbres verdes (ejotes, chícharos entre otros).

De la misma manera, las verduras tienen formas más variadas que las frutas. Prácticamente cada parte de una planta está representada por una o más verduras. Así la lechuga es hoja, las alcachofas son brotes florales, el apio es tallo con hojas, la zanahoria es raíz, la cebolla y el ajo son bulbos, mientras que el aguacate es fruto. Este tipo de alimentos también son valorados por los consumidores, debido a su textura, color y sabor.

Las frutas poseen un atractivo color, aroma y sabor agradables debido principalmente a la presencia de azúcares, aldehídos, alcoholes y ésteres, además poseen textura suave y crujiente, estas características las hacen sumamente atractivas para los consumidores.

Las frutas, hortalizas y verduras se caracterizan por tener bajo valor calórico con un alto contenido de humedad, bajo en grasa, así como una importante cantidad de hidratos de carbono complejos, fibra, vitaminas y minerales. También son consideradas como fuentes ricas de antioxidantes, por tanto ayudan a prevenir enfermedades cardiovasculares y ciertos tipos de cáncer.

La composición de frutas y hortalizas, depende del tipo y estado de maduración (ver Tabla 19.1).

TABLA 19.1 Composición nutrimental de frutas y verduras

Componente	Frutas y verduras
Agua	Frutos frescos, 80-90% Frutos secos menos del 50%
Sustancias nitrogenadas	Proteínas, albúminas Enzimas, proteasas, hidrolasas, lipasas Aminoácidos libres Enzimas, procedentes de la descarboxilación de aminoácidos
Hidratos de carbono	Frutas, elevado contenido en glucosa y fructosa, bajo contenido de almidón y fibra (pectina en la piel) Hortalizas, bajo contenido de azúcares simples, elevado contenido de almidón (tubérculos) y fibra (celulosa y hemicelulosa)
Grasas	Frescos 0.1 – 0.5% Secos 1% Excepto aguacate y chirimoya Fosfolípidos y ceras que recubren los frutos
Vitaminas y minerales	Vitaminas, principalmente las del grupo B y C Minerales, sodio, potasio, magnesio, calcio, fosfatos, sulfatos, cloruros, entre otros
Ácidos orgánicos	Cítrico Tartárico Málico
Pigmentos	Clorofilas (hojas verdes) Carotenos (zanahoria) Licopeno (jitomate) Xantofilas (pimientos) Antocianos (uvas, berenjena)

19.2 Leguminosas

Las leguminosas son vegetales cuyas semillas se forman en vainas como el frijol, lenteja, chíncharos, habas, garbanzo, alfalfa y soya entre las más conocidas. Existen alrededor de 19 mil especies de leguminosas y su cultivo ocupa cerca del 15% de la tierra agrícola mundial, constituyen una importante fuente de proteínas tanto para alimentación humana como animal, y juegan un papel importante en la agricultura sostenible, pues producen su propio fertilizante nitrogenado a través de la fijación simbiótica de nitrógeno en asociación con las bacterias del suelo (*rhisobia*).

Desde un punto de vista muy amplio, las semillas de leguminosas, se pueden dividir en 3 tipos, de acuerdo al componente principal: si es el almidón se denominarán amiláceas (haba, lenteja frijol, y garbanzo, entre otras), con la proteína, proteaginosas (soya) y oleaginosas (soya, cacahuate) si poseen una alta cantidad de grasas.

A pesar de su importancia en la alimentación, las leguminosas contienen una variedad de factores antinutritivos en concentración variable, que interfieren en la disponibilidad de los nutrimentos lo que causa un efecto negativo en el desarrollo particularmente en los animales jóvenes. Estos elementos, son de carácter termoestable (taninos, galactósidos, fitatos y saponinas) y termolábil (lectinas, inhibidores de proteasas, heterósidos cianogenéticos, proteínas antigénicas, vicina y convicina). Pueden ser extraídos por hidrólisis, extracción con etanol-agua, con disoluciones de ácido clorhídrico o con proteasas y cuantificados por medio de cromatografía de líquidos de alta presión (HPLC por sus siglas en inglés).

El valor nutritivo de las leguminosas, se atribuye a que pueden ser buenas fuentes de proteínas, hidratos de carbono, lípidos minerales y vitaminas.

Su riqueza en proteínas es muy variable, oscila entre el 18 y 40%. Sin embargo, parece ser que a mayor contenido de proteína, disminuye la calidad de ésta en relación a su perfil de aminoácidos, modificando su valor biológico. Cuando el contenido de proteína disminuye la proporción de algunos aminoácidos aumenta, especialmente en el caso de la lisina, los aminoácidos azufrados, el triptófano y la treonina.

Siguiendo criterios de solubilidad, las proteínas de las leguminosas, se clasifican en:

a) Globulinas, solubles en disoluciones salinas y representan del 60 al 70% de la proteína seminal.
b) Albúminas, solubles en agua, que representan entre el 4 y 24% de la proteína, ente ellas se encuentran la mayoría de las enzimas e inhibidores enzimáticos de la semilla.
c) Glutelinas, solubles en ácidos y bases, constituyen del 10 al 20% de la proteína.
d) Prolaminas, que son solubles en etanol y se encuentran en muy baja proporción.

La fracción de los hidratos de carbono, representa hasta el 70% de la materia seca de las leguminosa, excepto en la soya en la que varía entre 26 y 29% con muy poco contenido de almidón que normalmente es el glúcido mayoritario en estas semillas. La celulosa, hemicelulosa y pectina, se encuentran en cantidad variable, particularmente en las paredes celulares de la semilla, no son digeribles y forman parte de la fibra dietética. Otros hidratos de carbono presentes son oligosacáridos también llamados alfa galactósidos de sacarosa (rafinosa, estaquiosa, verbascosa) que pueden ser fermentados por la flora intestinal y dar lugar a procesos de flatulencia.

El contenido de grasa de las leguminosas, normalmente es bajo, alrededor de 1 a 6% excepto en la soya (17 a 20%), cacahuate (40 a 50%) y altramuces (15%), se consideran de buena calidad por su contenido de ácido oleico (11 a 15%), linoleico (25 a 63%) y linolénico (1 a 27%).

Primordialmente, las vitaminas que se encuentran en las leguminosas son la tiamina, niacina y ácido fólico y en las oleaginosas, las vitaminas A y E. Respecto a los minerales, las leguminosas aportan calcio, fósforo, zinc, hierro y magnesio.

19.3 Análisis químico

Para las mediciones del análisis químico proximal, se utilizan las técnicas descritas en el A.O.A.C., previamente mencionados en el *Capítulo 4 Estudio bromatológico de los principales nutrimentos.*

19.3.1 Determinación de ácido ascórbico. Método volumétrico, 2,6-dicloroindofenol
AOAC 16th Ed. Método 967.21

El ácido ascórbico reduce a través de una reacción redox indicadora de color, al 2, 6 – dicloroindofenol, hasta obtener una solución prácticamente sin color. El punto final (exceso de reactivo valorante) es cuando la solución en medio ácido alcanza un rosa púrpura débil (pH menor a 4). La vitamina C es extraída, así como titulada en presencia de una solución de ácido metafosfórico – ácido acético (HPO_3 – CH_3COOH) o una solución ácido metasfosfórico – acético – ácido sulfúrico (HPO_3 – CH_3COOH – H_2SO_4) con el objetivo de mantener una acidez apropiada para la reacción y evitar la autooxidación del ácido ascórbico a pH's altos.

Material y Equipo
➢ Papel filtro
➢ Pipeta de 10 mL
➢ Probetas de 50 y 200 mL
➢ Bureta de 50 mL
➢ Matraces Erlenmeyer de 50 y 100 mL
➢ Balanza analítica
➢ Equipo de filtración al vacío
➢ Placa de agitación
➢ Potenciómetro
➢ Mortero y Pistilo

Reactivos
➢ Solución de Extracción (acido metafosfórico-acido acético)
➢ Solución estándar de ácido ascórbico (1 mg / mL).
➢ Solución estándar de Indofenol (0.25 mg/mL)
➢ Indicador de azul de timol (0.04%)
➢ Azul de metileno 0.05%
➢ Índigo carmín 0.05%
➢ Ácido clorhídrico 1:3

Prueba preliminar para cantidades apreciables de sustancias básicas.
1. Moler una cantidad representativa de muestra o pesar el contenido de la cápsula y añadir aproximadamente 25 mL de la solución de HPO_3 – CH_3COOH.
2. Tomar el pH colocando una gota de azul de timol como indicador sobre el pistilo o usando un agitador. (en pH's mayores a 1.2, indica cantidades apreciables de sustancias básicas). Para preparaciones líquidas, diluir una muestra representativa (volumen a volumen) con solución de HPO_3 – CH_3COOH (1), antes probar con el indicador.

Preparación de la solución muestra para materiales secos que contengan cantidades no apreciables de sustancias básicas.

1. Moler la muestra con un mortero, adicionar una solución de HPO_3 – CH_3COOH y triturar hasta que se forme una suspensión. Diluir con una solución de HPO_3 – CH_3COOH (1) y medir el volumen. Designar a este volumen como V (en mL).
2. Usar aproximadamente 10 mL de la solución de extracción / g de muestra seca. Al final la solución debe contener de 10 – 100 mg de ácido ascórbico / 100 mL.

Para materiales secos que contengan cantidades apreciables de sustancias básicas.

1. Moler la muestra con un mortero, adicionar una solución de HPO_3 – CH_3COOH – H_2SO_4 (2), para ajustar al pH aproximadamente a 1.2. y triturar hasta que se forme una suspensión. Diluir con una solución de HPO_3 – CH_3COOH (1), para medir el volumen. Designar a este volumen como V (en mL).
2. Usar aproximadamente 10 mL de la solución de extracción / g de muestra seca. Al final la solución debe contener de 10 – 100 mg de ácido ascórbico / 100 mL.

Para materiales líquidos.

1. Tomar una cantidad de muestra que contenga aproximadamente 100 mg de ácido ascórbico. Si están presentes cantidades apreciables de sustancias básicas, ajustar el pH a aproximadamente 1.2 con la solución de HPO_3 – CH_3COOH – H_2SO_4 (2).
2. Diluir con la solución de HPO_3 – CH_3COOH (1), para que el volumen medido contenga de 10 – 100 mg de ácido ascórbico / 100 mL. Designar a este volumen como V (en mL).

Para jugos de fruta y de vegetales.

1. Agitar la bebida perfectamente, hasta asegurarse que la muestra esté uniforme, y filtrarla a través de un algodón o un papel filtro rápido. Preparar al instante jugos frescos los cuales deben estar perfectamente filtrado (libres de pulpa). Filtrar y colocar en un frasco ámbar, si el jugo de frutas cítricas es comercial.
2. Adicionar alícuotas mayores de 100 mL de jugos preparados a un matraz Erlenmeyer y añadir una cantidad igual de volumen de una solución de HPO_3 – CH_3COOH (1). Designar el volumen total como V (mL). Rápidamente mezclar y filtrar a través de un papel filtro.

Procedimiento

1. Titular tres alícuotas de la muestra (cada una debe contener aproximadamente 2 mg de ácido ascórbico) y realizar también determinaciones con blancos para corregir las titulaciones como en el Método **967.21B(c)** de la 16th Ed. de AOAC, usando volúmenes apropiados de solución de HPO_3 – CH_3COOH (1) y agua.
2. Si la muestra contiene aproximadamente 2 mg de ácido ascórbico, cuya alícuota en menor a 7 mL, adicionar una solución de HPO_3 – CH_3COOH para ajustar a 7 mL el volumen para la titulación.

Cálculo

mg de ácido ascórbico / g, mL, etc = $(X - B) * (F / E) *(V / Y)$

Donde:
X = volumen promedio gastado (mL) en la titulación de la muestra.
B = Volumen promedio gastado (mL) en la titulación del blanco.
F = mg de ácido ascórbico equivalentes a 1.0 mL de la solución estándar de indofenol
E = gramos o mL de la muestra inicial
V = volumen inicial de la solución de ensayo (muestra líquida)
Y = volumen de la alícuota de la muestra titulada

Nota:

Los productos que contienen iones o trazas de hierro, estaño y cobre pueden proporcionar valores excesivos de ácido ascórbico con respecto a su contenido verdadero.

El método que a continuación se describe determina si los alimentos a analizar presentan tales iones: adicionar 2 gotas de una solución de azul de metileno (0.05%) a 10 mL de una mezcla (1+ 1, en volumen) de la muestra y de la solución de HPO_3 – CH_3COOH, y agitar. Si desaparece el color del azul de metileno en un periodo de 5 – 10 segundos, indica la presencia de sustancias que interfieren en el ensayo de la vitamina C.

Esta prueba no detecta trazas de estaño, por lo que se debe realizar lo siguiente: a 10 mL de la muestra a analizar se le adicionan 10 mL de HCL (1 + 3, volumen); posteriormente se le añaden 5 gotas de una solución de índigo carmín (0.05%) y agitar. Si hay una desaparición del color en un intervalo de 5 a 10 segundos, indica la presencia de iones de estaño u otra sustancia alteradora.

Aplicable para la determinación de ácido ascórbico reducido. No aplicable para jugos altamente coloreados o que tengan presencia de iones ferrosos, estañosos o cuprosos; así como SO_2, sulfitos o tiosulfatos.

19.3.2 Determinación de benzoatos como ácido benzoico
AOAC 16th Ed. Método 963.19

Las sales de benzoato presentes en la muestra son transformadas en su forma ácida por acción del ácido metafosfórico. De esta forma éstas son extraídas con disolventes orgánicos para posteriormente ser cuantificadas en el espectrofotómetro a una longitud de onda comprendida entre 220 y 300 nm.

Material y Equipo
- Matraz volumétrico de 250 mL
- Pipeta 5 mL
- Probeta 50 mL
- Bureta
- Papel filtro Whatman No. 4
- Balanza analítica

Reactivos
- Hidróxido de sodio a 10%
- Solución saturada de NaCl
- Ácido clorhídrico a 20%
- Cloroformo p.a.
- Etanol neutralizado a 50%
- Hidróxido de sodio 0.05M

Procedimiento
1. Medir 75 mL ó 75 g de muestra por duplicado en matraz volumétrico de 250 mL. Agregar de 7 a 15 g de NaCl para la saturación del agua en la muestra. Añadir 5 mL de solución de NaOH a 10%, ajustar el volumen a aproximadamente 200 mL con solución saturada de NaCl.
2. Esperar 2 horas agitando frecuentemente.
3. Diluir a la marca. Filtrar la solución a través de papel filtro Whatman No. 4. Si son muestras sólidas, será necesario prefiltrar a través de tela de lino y después por el papel.
4. Transferir 50 mL de filtrado a un matraz Erlenmeyer de 250 mL provisto de tapón y neutralizar la solución usando ácido clorhídrico a 20% (gasto entre 1 y 2 mL). Añadir un exceso de 2.5 mL y seguidamente 30 mL de cloroformo.
5. Agitar intermitentemente durante 30 minutos.
6. Separar las fracciones usando embudo de separación de 250 mL.
7. Drenar la capa de cloroformo a un Erlenmeyer y evaporar el cloroformo sobre baño de vapor.

8. Añadir 50 mL de solución de etanol neutralizado a 50% (etanol-agua 50:50) y disolver el residuo calentando ligeramente.
9. Titular a pH 8.1 usando NaOH 0.05M, (si la muestra contiene cantidades muy pequeñas de conservador quizá sea necesario el uso de microbureta) o hacer la titulación adicionando 2 gotas de fenolftaleína como indicador. Se toma el gasto en mL de NaOH en cuanto se observe un ligerísimo tono rosa.

Notas:

- Para jaleas, mermeladas y conservas, en vez de NaOH a 10% se emplea leche de cal (1 parte de $Ca(OH)_2$ recientemente pulverizado suspendida en 3 partes de agua).

- Para el caso de la cátsup, después del paso dos se pasa la muestra a través de tela muselina pesada para que el color final no interfiera en la titulación, o de otra forma se tendrá que optar por la titulación potenciométrica.

- Para sidra conteniendo alcohol y productos similares. Se usará mayor cantidad de muestra (125 mL) y después de agregar el NaOH a 10% evaporar en baño de vapor a 50 mL aproximadamente, agregar 15 g de NaCl y continuar como menciona la técnica.

- Si la muestra tiene gran cantidad de grasa, porciones de ésta pudieran contaminar el filtrado, adicionar pocos mililitros de NaOH a 10% y extraer con éter antes de proceder.

Cálculo
% Benzoato de sodio en el alimento = (V)(M)(mEq del benzoato)(100) /m

Donde:
V = volumen de NaOH gastados en la titulación
M = Molaridad de NaOH (0.05M)
mEq. del benzoato = 0.14411g
m = g o mL de muestra inicial

Por equivalencias: 1 mL NaOH 0.05M equivalen a 0.0072 g de Benzoato de sodio anhidro, solo si se conserva la Normalidad del NaOH.

19.3.3 Determinación de pectina

Kirk, R. S., Sawyer R. y Egan H., Composición y análisis de alimentos de Pearson, 2002, pág. 248

Material y Equipo
- Vaso de precipitado de 600 mL
- Matraz volumétrico de 500 mL
- Papel filtro Whatman número 4
- Pipetas graduadas de 10 mL
- Placa de calentamiento
- Balanza analítica
- Pesa-sustancias

Reactivos
- Hidróxido de sodio 1M
- Ácido acético
- Cloruro de calcio 1M
- Nitrato de plata ó ácido nítrico
- Agua destilada

Procedimiento

1. Pesar 50 g de muestra perfectamente molida en un vaso de precipitado de 600 mL y añadir 400 mL de agua. Hervir durante una hora manteniendo constante el volumen en 400 mL.
2. Enfriar la muestra y transferir el contenido a un matraz volumétrico de 500 mL y diluir hasta la señal de enrase.
3. Filtrar a través de papel filtro Whatman número 4 o papel equivalente y tomar, con pipeta, porciones de 100 mL de esta solución.
4. Añadir 100 mL de agua y 10 mL de solución de hidróxido de sodio 1 M. Dejar reposar durante la noche.
5. Añadir 50 mL de solución de ácido acético 1 M y dejar que la solución repose durante 5 minutos. Lentamente añadir 25 mL de cloruro de calcio 1 M bajo agitación constante. Dejar en reposo durante una hora.
6. Desecar durante una hora en papel filtro Whatman número 4 en un pesa sustancias. Enfriar y pesar.
7. Calentar la solución hasta ebullición. Filtrar en caliente a través del papel filtro pesado previamente (Pi).
8. Lavar perfectamente el papel filtro con agua caliente hasta eliminar todas las trazas de cloruro (probar con nitrato de plata o ácido nítrico).

9. Transferir el papel filtro y contenido al pesa-sustancias y desecar a 105°C durante tres horas. Enfriar y pesar. Volver a desecar durante otra media hora y comprobar el peso para asegurarse de que no se han producido posteriores pérdidas de peso (Pf).
10. Reportar como porciento de pectato de calcio.

Cálculo   **(Pf – Pi) (100) / m**

Donde:

Pi = Peso del papel filtro

Pf = Peso del papel filtro con el pectato de calcio seco

m = Peso de muestra en gramos.

Principios básicos de bromatología para estudiantes de nutrición

CAPÍTULO 20

Bebidas no alcohólicas

Las bebidas no alcohólicas en general, son líquidos a base de agua destinados a calmar la sed, adicionadas con azúcares o elementos energizantes y/o a base de leche (Tabla 20.1).

20.1 Clasificación de las bebidas no alcohólicas

a) **Bebidas refrescantes**, elaboradas a base de agua a las que se añaden azúcar (10% p/v), diversos aditivos (colorantes, aromatizantes) y una pequeña porción de zumo de fruta. Nutricionalmente aportan energía provista por los hidratos de carbono que contienen y entre ellas se encuentran las bebidas de frutas, néctares, las colas, la tónica y el bitter. Particularmente las bebidas de cola, se caracterizan por contener extractos de la nuez de cola, aceites cítricos, aromatizantes como la vainilla y como edulcorantes se utilizan, glucosa, jarabe de maíz y sorbitol entre otros. Igualmente se permite la adición de ácido acético, fosfórico, cítrico, tartárico, málico, fumárico, láctico como acidulantes.

b) **Infusiones**, bebidas generalmente calientes, elaboradas a partir de diversas plantas (tila, menta, manzanilla o estimulantes como el café o té).

c) **Soluciones,** de rehidratación bebidas a base de agua y minerales (utilizadas para reponer líquidos).

d) **Bebidas energizantes**, soluciones acuosas elaboradas a base de elementos estimulantes como taurina, cafeína y guaraná, que pretenden incrementar la resistencia física, el estado de alerta, la concentración y la euforia.

TABLA 20.1 Clasificación de las bebidas por su función

	Bebida	Composición
Refrescantes	Frutas	Deben contener al menos 12% de zumo de fruta. Aportan hidratos de carbono y vitamina C (conservador o antioxidante). Prácticamente no aportan otras vitaminas ni minerales y pueden contener gas o no
	Con aroma de frutas	Generalmente son burbujeantes, con un contenido máximo de CO_2 de 8 g/L. No tienen interés nutricional
	Néctares	Soluciones acuosas de zumos con un contenido máximo de 25% de fruta, de 9.5 – 12% de azúcar y valor energético de 380 a 480 Kcal /L
	Colas	Soluciones ricas en azúcar, cafeína (0.2% máximo) y teobromina con propiedades estimulantes. Existen versiones sin cafeína y con edulcorantes
	Tónicas	Bebida gasificada y azucarada, que se aromatiza con extractos de piel de frutas, particularmente cítricos y adicionada con quinina
	Bitter	Solución parecida a la tónica, con más extractos vegetales y azúcar
Infusiones	Café	Bebida estimulante obtenida del café, que contiene cafeína
	Té	Bebida estimulante que aporta cafeína y taninos, dependiendo del tiempo de contacto con el agua caliente (en 3 minutos se extrae el 75% de cafeína y 30% de taninos), también contiene pequeñas cantidades de vitaminas del grupo B y una importante cantidad de flúor

Bebida		Composición
Rehidratación	Limonada alcalina	Constituida por agua, azúcar, zumo de limón y bicarbonato.
	Rehidratante OMS	Contiene, 3.5 g de NaCl, 2.9 g de KCl, 2.5 g de Na_2CO_3 y 20 g de glucosa por litro de solución
	Isotónicas	Preparados comerciales a base de frutas o aguas hidrocarbonadas con cantidades controladas de minerales
	Energizantes	Sus ingredientes principales son: agua, hidratos de carbono (sacarosa, glucosa, fructosa, maltodextrinas de 20 a 70 g por bebida), Taurina, cafeína, guaraná, ginseng, glucuronolactona, inositol, carnitina, minerales y vitaminas del grupo B, C y E

20.1.1 Café tostado

Entre las plantas más interesantes de la historia se encuentra el café, que casi todos los países del mundo consumen, y algunos tienen su cultivo como importante renglón comercial. El café pertenece a las *Rutáceas*, su fruto es una cerecita roja poco carnosa con dos semillas, del género *coffea*, de que se conocen unas 40 especies. Las variedades más extendidas son arábiga y robusta.

Arábiga. La más apreciada, originaria de Etiopía y de Arabia. Crece en alturas entre 900 y 2000 metros. Su contenido en cafeína es relativamente bajo (entre 0.9 y 1.5%). Su cultivo es delicado porque el arbusto soporta mal el calor y es afectado más fácilmente por las plagas y requiere mayores cuidados. Sus frutos son redondos, suaves, levemente agrios, color achocolatado, de corteza lisa, e intenso perfume.

Robusta o Canephora. De África Central. Más precoz, más resistente y más productiva que la anterior. Se cultiva en terrenos bajos, con plantas de mayor envergadura, costes más bajos y precios, por tanto, más asequibles. Sus granos son menos perfumados, picantes y astringentes, y su contenido en cafeína muy superior (entre un 2 y un 4.5%). Se empezó a cultivar a principios del presente siglo.

El contenido nutrimental del grano de café verde tiene de 6 a 13% de agua, mientras que el grano de café tostado no tiene más de 5% de humedad, contiene además de 15 a 20% de materia grasa, un promedio de 11% de proteínas, que muestran un elevado contenido de lisina y deficiencia en aminoácidos azufrados y cuenta con pequeñas cantidades de minerales como son, potasio, calcio, magnesio y fósforo.

El principal alcaloide del café es la cafeína su ingrediente farmacológico más activo un estimulante suave que actúa sobre el sistema nervioso central aliviando el cansancio y la fatiga (ver Figura 20.1). Aunque el café también posee lactonas que actúan sobre el cerebro, de forma también benéfica, casi en la misma proporción que la cafeína.

FIGURA 20.1 Estructura química de la cafeína

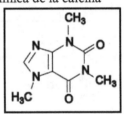

Además, las ventajas de los componentes del café no se detienen allí. Se encuentran también, la celulosa que estimula los intestinos; los azúcares, que dan el toque final al sabor; y el tanino que interfiere en su sabor, además de otras sustancias.

El investigador Tahayuki Shibamoto, afirma que en el café recién hecho aparecen unos componentes aromáticos que parecen tener un poderoso efecto anticancerígeno. Según reporta, estos componentes tienen propiedades similares pero más potentes que los antioxidantes como la vitamina C, presente en frutas y verduras. Pero los efectos desaparecen a los 20 minutos de preparado el café, por lo que se recomienda que sea inspirado o bebido antes que pasen 10 minutos de su realización.

El análisis en base seca de la pulpa del café reporta un contenido de taninos del 1.8 al 8.6%, sustancias pécticas 6.5%, azúcares reductores 12.4%, azúcares no reductores 2%, ácido clorogénico 2.6% y ácido caféico 1.6%.

20.2 Análisis químico

Al realizar el análisis químico de este tipo de bebidas, debe considerarse si la bebida es clara, turbia, si tiene sedimentos, olor o sabor característico, con el que organolépticamente pueda ser reconocido un edulcorante o aromatizante en particular.

En general se llevarán a cabo las determinaciones de:

20.2.1 Determinación de ceniza en café tostado
AOAC 14th Ed. 31.012; Lees, R. 1996. Método C7.

La determinación de la totalidad de compuestos orgánicos e inorgánicos se obtiene por incineración que destruye toda la materia orgánica y forma óxidos, carbonatos, fosfatos, haluros que se representan por las pérdidas de peso en función de la temperatura (525 - 550 °C).

Material y Equipo
- Crisol de porcelana o de platino (limpio y seco)
- Horno de mufla o estufa de aire
- Desecador
- Mechero Bunsen
- Balanza analítica

Procedimiento
1. Pesar 5 g de muestra sólida o tomar 25 mL de muestra líquida en un crisol o cápsula de platino (el cual ha sido previamente puesto a peso constante). Para el caso de muestra líquida, evaporar el agua sobre baño de agua caliente. Adicionar 1 mL de solución de etanol: glicerol (50:50).
2. Carbonizar sobre la llama del mechero bunsen. Posteriormente incinerar a 525 – 550°C. Pasada 1 hora retirar la cápsula y colocarla en un desecador para que se enfríe. A continuación pesar.
3. Incinerar durante otros 15 minutos, volver a pesar después de haber enfriado. Repetir el proceso si se observa un cambio de peso significativo.

Cálculo:

$$\text{Ceniza total (\%)} = (P_f - P_i) \times 100 \ / \ m$$

Donde:

P_i = Peso constante del crisol
P_f = Peso del crisol + cenizas
m = Muestra en gramos

20.2.2 Determinación de ceniza soluble en agua
AOAC 14th Ed. 31.015; LEES R. 1996, Método C9.

Las cenizas solubles en agua se obtienen de la diferencia entre el total de estas y las cenizas insolubles.

Material y Equipo

- ➢ Crisol de porcelana o de platino (limpio y seco)
- ➢ Mechero Bunsen
- ➢ Desecador
- ➢ Balanza analítica
- ➢ Horno de mufla o estufa de aire

Procedimiento

1. Pesar 5 g de muestra en un crisol de porcelana o platino (el cual ha sido previamente tarado).
2. Carbonizar sobre la llama del mechero bunsen. A continuación, incinerar la muestra a 550°C hasta obtener ceniza blanca, libre de carbón. Enfriar y pesarla (A).
3. Adicionar 25 mL de agua destilada a la cápsula. Hervir suavemente. Filtrar el líquido a través de un papel filtro (libre de cenizas). Repetir la extracción con otros 25 mL de agua destilada. La cápsula se lava cuidadosamente, recogiendo el residuo en el papel filtro.
4. Posteriormente se retira el papel filtro y se transfiere a la cápsula original de incineración. Desecar en estufa a 105°C durante una hora.
5. Transferir la cápsula a la mufla e incinerar a 550°C, hasta que se encuentre libre de carbón. Enfriar y pesar (B).

Cálculo:

$$\% \text{ Ceniza soluble en agua} = (A - B) \times 100 \, / \, m$$

Donde:

A = Ceniza total
B = Ceniza insoluble en agua
m = muestra en gramos

20.2.3 Determinación de cafeína en bebidas no alcohólicas
AOAC 18th Ed. Método 967.13

La cafeína (1, 3, 7 - trimetixantina) es extraída con cloroformo, para posteriormente determinar el contenido de esta sustancia espectrofotométricamente a 276nm.

Material y Equipo
> Pera de decantación
> Pipeta volumétrica de 10 mL
> Probeta de 50 mL
> Papel filtro Whatman
> Matraz aforado de 100 mL
> Espectrofotómetro

Reactivos
> Solución reductora (5 g Na_2CO_3, 5g KSCN / 100 mL agua)
> Solución acuosa de H_3PO_4 al 15%
> Solución acuosa de NaOH al 25%
> Solución estándar de cafeína, 1mg/mL en cloroformo
> Solución de $KMnO_4$ al 1.5%
> Cloroformo ($CHCl_3$)

Procedimiento
1. Remover el gas por agitación o ultrasonido.
2. Colocar en una pera de decantación 10 mL de muestra.
3. Adicionar 5 mL de la solución de $KMnO_4$ mezclar, 1 mL de solución de H_3PO_4 mezclar y 1 mL de la solución de NaOH, mezclar
4. Extraer con 2 porciones de 50 mL de $CHCl_3$, agitando la pera vigorosamente por un minuto en cada extracción.
5. Para cada extracción, dejar que la emulsión se separe y drenar todo el $CHCl_3$ a través de papel filtro, a un matraz aforado de 100 mL. Es importante lavar el papel con 2-3 mL de $CHCl_3$.
6. Aforar con cloroformo y leer en espectrofotómetro a una longitud de onda de 276 nm.
7. Preparar una curva estándar de cafeína de 2mg /100 mL de $CHCl_3$ como solución matriz y tomar alícuotas de 0.1, .025, .050, 1.0, 1.50 y 2mg de cafeína y leer a la misma longitud de onda para calcular la concentración de cafeína.

20.2.4 Determinación de cafeína en café tostado
AOAC 16ᵗʰ Ed. Método 960.25

La cafeína (1, 3, 7 - trimetixantina) es extraída con cloroformo, para posteriormente determinar el contenido de esta sustancia a través del método Micro Kjeldahl (Método AOAC 960.52C).

Material y Equipo
- Matraz Erlenmeyer de 500 mL
- Matraz Erlenmeyer de 100 mL
- Embudo Buchner
- Matraz Kitasato
- Papel filtro Whatman
- 2 peras de decantación 125 mL
- Matraz de Kjeldahl
- Algodón
- Balanza analítica
- Tamiz
- Placa de calentamiento
- Bomba de vacío
- Microdestilador de Kjeldahl

Reactivos
- Óxido de Manganeso (MnO)
- Ácido Sulfúrico (H_2SO_4)
- Cloroformo ($CHCl_3$)
- Hidróxido de potasio (KOH)
- Sulfato de potasio (K_2SO_4)
- Óxido de Mercurio (HgO)

Procedimiento

1. Pesar 2 g de café regular o 1 g de café instantáneo regular, asegurándose de que el tamaño de la partícula pase a través de un tamiz de 30 mallas.
2. Adicionar 5 g de óxido de manganeso en polvo (MnO), transferirlo a un matraz Erlenmeyer de 500 mL, el cual ha sido previamente tarado.
3. Añadir aproximadamente 150 – 200 mL de agua destilada, calentar a ebullición durante 45 min., agitándolo ocasionalmente.
4. Con objeto de prevenir la formación de espuma, añadir agua destilada cuando sea necesario, procurando que el agua también caiga por los lados del matraz. Enfriar a temperatura ambiente.
5. Colocar la muestra sobre una balanza y añadir suficiente agua para que su peso total sea igual a la tara + 105 g + el peso de la muestra.

6. Filtrar directamente a un matraz hasta que se completen exactamente 50 mL del líquido claro (equivalente a la mitad del peso de la muestra).
7. Transferir la solución a una pera de decantación de 125 mL. Lavar el matraz con 2 mL de agua destilada y añadir el agua de lavado a la pera.
8. Adicionar 4 mL de H_2SO_4 (1:9).
9. Extraer con 5 porciones de 10 mL de cloroformo ($CHCl_3$), agitando la pera vigorosamente por un minuto en cada extracción.
10. Para cada extracción, dejar que la emulsión se separe y drenar todo el $CHCl_3$ a otra pera de decantación de 125 mL. Es importante que todo el $CHCl_3$ se junte en el embudo de separación.
11. Adicionar al embudo, 5 mL de una solución de hidróxido de potasio (KOH) a 1%.
12. Agitar vigorosamente por un minuto y cuando se hayan separado completamente las fases, recoger la capa de cloroformo en un matraz de Kjeldahl de 100 mL, el cual ha sido previamente tapado con un pedazo de algodón.
13. Lavar la disolución alcalina, en la pera de separación, con dos porciones de 10 mL de $CHCl_3$ y juntar los lavados con el extracto.
14. Para realizar la digestión de las fases separadas se adicionan 1.9 ± 0.1 g de K_2SO_4, 40 ± 10 mg de HgO y 2.0 ± 0.1 mL de H_2SO_4. Agregar también perlas de ebullición. Enjuagar el cuello del matraz con 3 mL de $CHCl_3$.

Colocar el matraz de digestión en la parrilla y proceda como en 960.52C, titulando con HCl 0.02 N

Cálculo:

$$1 \text{ mL de HCl } 0.02 \text{ N} = 0.971 \text{ mg de cafeína}$$

20.2.5 Grasa en café tostado (extracto etéreo)
AOAC 16ᵗʰ Ed. Método 920.97

El contenido de grasa en los alimentos; o también llamado extracto etéreo, grasa neutra o grasa cruda, puede estar formada por constituyentes de lípidos "libres" y lípidos "enlazados". Este método se basa en la extracción de lípidos libres con disolventes polares débiles, como el éter de petróleo o éter etílico.

Material y Equipo
- Dedal o cartucho de celulosa
- Desecador
- Aparato Soxhlet
- Balanza analítica
- Estufa de aire
- Placa de calentamiento

Reactivos
- Éter etílico anhidro
- Arena seca

Procedimiento

1. Pesar 3 – 4 g de muestra y colocarlo en un recipiente, añadir una pequeña cantidad de arena y mezclar perfectamente.
2. Dispersar la muestra en el fondo de un recipiente de vidrio o de aluminio.
3. Colocar la cápsula en un horno y secar la muestra durante 6 h a 100 - 102°C, o bien 1.5 h a 125°C.
4. Transferir cuidadosamente toda la muestra seca (evitar pérdidas) a un cartucho de celulosa y colocarlo en un porta-dedal.
5. Poner a reflujo con éter etílico por aproximadamente 4 h a una velocidad de condensación de 5 – 6 gotas / segundo, o bien 16 h a una velocidad de 2 – 3 gotas / segundo.
6. Secar el extracto durante 30 minutos a 100°C, enfriar y pesar (P_f).

Cálculo:

$$\% \text{ Extracto etéreo} = (Pf - P_i) \times 100 \ / \ m$$

Donde:

P_i = Peso constante del vaso (g)
P_f = Peso constante del vaso (g) + extracto etéreo
m = Peso de la muestra (g)

Capítulo 21

Bebidas alcohólicas

21. 1 Vinos

El vino es una bebida obtenida de la uva que se desarrolla en zonas de clima templado en todo el mundo, su jugo fresco o mosto es tratado mediante un proceso de fermentación alcohólica, la cual se produce a través de la transformación de los azúcares en alcohol etílico y anhídrido carbónico por acción de las levaduras del fruto, las transportadas por el aire o la adición de cepas seleccionadas. En muchas legislaciones se considera sólo como vino a la bebida espirituosa obtenida de *Vitis vinífera*, pese a que se obtienen bebidas semejantes de otros tipos de uva.

La graduación de los vinos varía entre un 7 y un 16% de alcohol por volumen, particularmente, los vinos dulces tienen entre un 15 y 22% de alcohol por volumen.

Nutricionalmente, el vino es un líquido muy complejo que contiene agua, alcohol, azúcares no fermentables, ácidos orgánicos, sales minerales (hierro, calcio, magnesio, potasio, sodio) sustancias colorantes, vitaminas A y C, y algunas del grupo B, taninos con potente capacidad antioxidante, flavonoides (quercetina), antocianos (pigmentos vegetales encontrados principalmente en la uva negra), resveratrol (sustancia antifúngica encontrada en la piel de la uva) (ver Tabla 21.1 y 21.2).

Los elementos antes mencionados, aunados a los estudios realizados en relación del vino y la salud, abren la controversia de si se trata o no de un alimento, sin que hasta ahora se tenga un acuerdo al respecto.

TABLA 21.1 Contenido nutricional del vino tinto

Energía Kcal	Hidratos de carbono g/100g	Proteínas mg/100g	Vitaminas			
			B1 mg/100g	B2 mg/100g	B6 mg/100g	B12 µg/100g
77	1.100	230.00	8.0	100	10	8-12

TABLA 21.2 Contenido de minerales del vino tinto (mg / 100 mL)

Calcio	Magnesio	Potasio	Sodio	Alcohol Puro (g)
8.7	8.0	100	10	8 - 12

21. 2 Licores

Son las bebidas hidroalcohólicas aromatizadas con un contenido alcohólico variable entre 15° a 50° o más grados centesimales. Se obtienen por maceración, infusión o destilación de diversas sustancias vegetales naturales, ya sean fermentados y destilados o adicionados con alcoholes destilados aromatizados, con adición de extractos, esencias o aromas autorizados.

Según la combinación alcohol /azúcar los licores se pueden considerar:

- **Extra seco**: hasta 12% de endulzantes
- **Seco**: con 20-25% de alcohol y de 12-20% de azúcar.
- **Dulce:** con 25-30% de alcohol y 22-30% de azúcar.
- **Fino:** con 30-35% de alcohol y 40-60% de azúcar.
- **Crema:** con 35-40% de alcohol y 40-60% de azúcar.

Principios básicos de bromatología para estudiantes de nutrición

El valor nutricional de los licores, está determinado de acuerdo a los beneficios encontrados a través de la ingesta de una cantidad no mayor a 24g al día, misma que induce un incremento de la colesterina (HDL) en el organismo, y así protege contra enfermedades coronarias.

La cantidad de alcohol que contienen las bebidas de consumo habitual, se calcula considerando, la graduación alcohólica de la bebida (G°), el volumen que se consume (mL), la densidad del alcohol (0.80)

$$\text{Gramos de etanol} = (G° \times mL \times 0.80) / 100$$

Cada gramo de etanol equivale a 7 kilocalorías.

21. 3 Análisis químico

Para las mediciones del análisis químico de las bebidas alcohólicas, se utilizan las técnicas descritas tanto en el AOAC como en las Normas Oficiales Mexicanas:

21.3.1 Determinación del porciento de alcohol en volumen a 293ᵃk (20ᵃc) (porciento de alcohol en volumen) NOM-006-SCFI-1994; NOM-142-SSA1-1995.

La determinación del % de Alcohol en Volumen representa el número de volúmenes de alcohol puro a 20°C que puede ser producido por la fermentación total de los azúcares contenidos en 100 volúmenes de productos a esa temperatura (ver Tabla 21.3).

Materiales

➢ Gránulos o trozos de carburo de silicio o perlas de vidrio (destilación de alcoholes).
➢ Probeta con diámetro de 4 o 5 cm y de capacidad mínima de 300 mL.
➢ Matraz volumétrico de 250 o 300 mL.
➢ Matraz de destilación de 1 L
➢ Refrigerante tipo Graham (de serpentín) de 60 cm de longitud adaptado en el extremo inferior con un tubo y con la punta biselada
➢ Trampa de vapor
➢ Pipetas (5 mL)
➢ Tablas de corrección por temperatura para exfuerza real a 293 °K (20 °C) para convertir a % Alcohol en Volumen.
➢ Juego de alcoholímetros certificados por el fabricante con escala en por ciento en volumen graduados en 0.1% Alcohol en Volumen y referidos a 293 °K (20°C).
➢ Termómetro certificado o calibrado por un laboratorio de calibración autorizado, con escala de 0 K a 323 K (0°C a 50°C), con división mínima no mayor a 0.1°C.

Equipo

➢ Equipo de ultrasonido
➢ Equipo de agitación magnética

Reactivos

> Solución de hidróxido de sodio (NaOH), 6N
> Agua destilada

Procedimiento

1. Verter y medir en el matraz volumétrico de 250 mL a 300 mL, la muestra a una temperatura de 20°C, transferirlos cuantitativamente con agua destilada, de acuerdo a la Tabla 21.4 (procurando enjuagar con el agua al menos tres veces el matraz volumétrico), al matraz de destilación que contiene gránulos o trozos de carburo de silicio o perlas de vidrio, conectándolo al refrigerante mediante el adaptador.

2. Calentar el matraz de destilación y recibir el destilado en el mismo matraz donde se midió la muestra. El refrigerante termina en una adaptación con manguera y tubo con la punta biselada, que entren en el matraz de recepción hasta el nivel del agua puesta en éste (ver Tabla 21.4 y según producto). El matraz de recepción debe encontrarse sumergido en un baño de agua-hielo durante el curso de la destilación.

3. Suspender la destilación cuando la cantidad de destilado contenida en el matraz de recepción se acerque a la marca (0.5 cm abajo de la marca de aforo).

4. Retirar el matraz de recepción y llevar el destilado a la temperatura que se midió la muestra, sin perder líquido.

5. Llevar a la marca de aforo con agua destilada, homogeneizar y transferir el destilado en una probeta adecuada al tamaño del alcoholímetro y a la cantidad de la muestra destilada, verter el destilado enjuagando la probeta primero con un poco de la misma muestra.

6. Vaciar el destilado hasta unos 10 cm abajo del nivel total.

7. Introducir el alcoholímetro cuidadosamente junto con el termómetro. El alcoholímetro debe flotar libremente, se aconseja que esté separado de las paredes de la probeta ± 0.5 cm.

8. Esperar a que se estabilice la temperatura y dando ligeros movimientos con el termómetro, eliminar las burbujas de aire. Efectuar la lectura de ambos.

9. Si la lectura se realiza a una temperatura diferente de 20°C, se tiene que pasar a grado volumétrico (% Alcohol en volumen a 20°C) (extra fuerza real), y hacer la corrección necesaria empleando las tablas de corrección por temperatura (ver Tabla 21.3).

Procedimiento para vinos y vinos generosos

1. Verter y medir en el matraz volumétrico la cantidad de muestra indicada en la Tabla 21.4 a una temperatura de 20°C.
2. Transferir cuantitativamente con agua destilada (la cantidad de agua depende del contenido de azúcares reductores del vino, ver Tabla 21.4, procure enjuagar con el agua al menos tres veces el matraz volumétrico), al matraz de destilación que contiene gránulos o trozos de carburo de silicio o perlas de vidrio.
3. Adicionar 2.5 mL de NaOH 6N, conectar al refrigerante mediante el adaptador.
4. Continuar con el procedimiento descrito en el paso 2, 3 y 4

Procedimiento para bebidas carbonatadas

1. Eliminar previamente el dióxido de carbono (CO_2) de la muestra, mediante agitación mecánica durante 30 min. o 5 min. en ultrasonido.
2. Continuar con el procedimiento descrito en 1 y 2, tomar en cuenta las cantidades de muestra y agua que se expresan en la Tabla 21.4, y si después del procedimiento de destilación la muestra presenta la acidez total mayor a 3.0 g/L, ésta debe neutralizarse. Continuar con el procedimiento 3 y 4.

Procedimiento para licores

Procédase de acuerdo a lo descrito en 1, 2, 3 y 4, ver la tabla 21.4 para el empleo de volumen de muestra y agua.

Procedimiento para aguardientes

En aquellos productos que no contienen color o azúcar, como el caso del aguardiente, no es necesario realizar el proceso de destilación y la medición del por ciento de alcohol se realiza con la muestra directa. Procédase como los descritos en 3 y 4.

Expresión de resultados

Si en el momento de la determinación la muestra está a una temperatura diferente a 293 K (20°C), la lectura debe corregirse usando la Tabla 21.3.

En la Tabla 21.3 si la lectura del alcoholímetro se localiza en la columna q y la temperatura en la fila t, la intersección da el porcentaje de alcohol en volumen a 20°C (293°K), grado volumétrico o ex fuerza real. Así si la lectura del alcoholímetro es 42.2 y la temperatura de 25.5°C. El grado volumétrico en porcentaje de alcohol en volumen a 20°C (293°K), es 40.0.

TABLA 21.3 Corrección por temperatura para grado volumétrico (% Alcohol en volumen o exfuerza real)

Q	42.0	42.1	42.2	42.3
T 22.0	41.2999	41.3	41.4	41.5
22.5	41.0	41.1	41.2	41.3
23.0	40.8998	40.9	41.0	41.1
23.5	40.6	40.7	40.8	40.9
24.0	40.4997	40.5	40.6	40.7
24.5	40.2	40.3	40.4	40.5
25.0	40.0997	40.1	40.2	40.3
25.5	39.6	39.9	40.0	40.1
26.0	39.6996	39.7	39.8	39.9

Fuente: Guía práctica de D´Alcoométrie tabla VIII b, sección de grado volumétrico (exfuerza real).

TABLA 21.4 Volúmenes de muestra y agua para la destilación.

Producto	% Alc Vol. 273 K (20°C)	Azúcares reductores totales (g/L)	Muestra (mL)	Agua destilada agregada (mL)	Agua en el matraz de recepción de la destilación (mL)
Bebidas alcohólicas	35 a 55	0 a 15	250	75 a 300	10
Vinos	10 a 13	0 a 30	250 a 300	100 a 150	30
Vinos generosos	10 a 20	0 a 400	250 a 300	100 a 180	30
Vinos espumosos	10 a 14	0 a 100	250 a 300	100 a 180	30
Bebidas carbonatadas y sidras	3 a 8	0 a 120	250 a 300	100 a 150	20
Rompope	10 a 14	200 a 500	250 a 300	150 a 200	30
Cócteles	12.5 a 24	100 a 200	250 a 300	125 a 150	30
Licores	15 a 45	50 a 500	250 a 300	100 a 200	30
Extractos hidroalcohólicos	45 a 80	0 a 50	250 a 300	50 a 90	10

21.3.2 Grado alcohólico volumétrico
AOAC 16th Ed. Método 945.06 B y C

Se define como grado alcohólico volumétrico a los mL de etanol contenidos en 100 mL de vino medidos ambos volúmenes a una temperatura de 20°C y se representa el grado alcohólico como (% en volumen). El método se basa en la destilación del vino mediante suspensión de hidróxido de calcio y la determinación de la masa volumétrica del destilado por picnometría.

Material

> Matraz de fondo redondo de 1 L de capacidad
> Matraz Erlenmeyer de 500 mL
> Columna rectificadora de 20 cm de altura
> Fuente de calor
> Probeta tipo Watson.
> Refrigerante

Equipo

> Aparato de arrastre de vapor de agua, formado por:
> o   Generador de vapor de agua.
> o   Borboteador.
> o   Columna rectificadora.
> o   Recipiente.

Reactivos

> Hidróxido de calcio 2 M, en suspensión.

Procedimiento

1. Destilar 5 veces consecutivas una mezcla hidroalcohólica de 10% en volumen.

2. La muestra debe presentar un grado de 9.9 % volumen sin que se produzca una pérdida de moles superior a 0.02% volumen durante el proceso de cada destilación.
3. En los vinos jóvenes y espumosos deben de eliminarse previamente la presencia de dióxido de carbono de forma que se agita una cantidad de vino de 250 a 300 mL en un Erlenmeyer de capacidad 500 mL.
4. Se incorpora de nuevo a un matraz una cantidad de 200 mL de vino, se anota su temperatura.
5. Se vierte a un aparato de destilación o al borboteador del aparato de arrastre por vapor de agua, se añaden 20 mL de hidróxido cálcico y fragmentos porosos inertes.
6. Se recoge un volumen de estilado de 198-199 mL y se completa a 200 mL con agua destilada y a una temperatura igual a la inicial del destilado **TI**.

Ejemplo de cálculo del grado alcohólico de un vino, mediante Picnometría con balanza de dos platos:

1. Determinar inicialmente las constantes del picnómetro y el cálculo de la masa volumétrica y la densidad relativa.
2. Para el picnómetro lleno de destilado. Ejemplo:

Tara = Picnómetro + destilado a T^a (°C)

T^a = 28.70 °C

P = 2.8074 g

Masa del destilado a T^a (°C) = P + mP''

21.3.3 Gravedad específica en licores destilados. Método del picnómetro
AOAC 16th Ed. Método 945.06 C

El picnómetro compara las densidades de dos líquidos pesando este instrumento con cada líquido por separado, para posteriormente comparar sus masas. En este caso es usual comparar la densidad del vino con respecto a la densidad del agua destilada a cierta temperatura. Por lo que al dividir la masa de esta bebida dentro del picnómetro respecto de la masa correspondiente de agua, se obtiene la densidad del vino respecto a la del agua a la temperatura de medición.

Procedimiento

1. Obtener el peso de la muestra con el picnómetro lleno y vacío de acuerdo a la calibración del equipo correspondiente, se pueden observar los métodos descritos en AOAC 16th Ed. Método 945.06B.
2. Llenarlo completamente con agua destilada, tapar y sumergirlo en un baño de agua a temperatura constante con el nivel del baño por arriba de la marca de la graduación del picnómetro.
3. Después de 30 minutos, remover el tapón y con la capilaridad del tubo ajustar hasta que la parte inferior del menisco sea tangente a la marca de la graduación.
4. Con un pequeño rollo de papel filtro, dentro del cuello del picnómetro, tapar, y sumergir en H_2O a temperatura ambiente durante 15 minutos.
5. Remover el picnómetro, secar, dejar por 15 minutos, y pesar. Vaciar el picnómetro, enjuagar con acetona, y secar completamente en aire con succión. Dejar vacío el frasco a temperatura del cuarto, tapar y pesar.
6. Pesar del contenido de H_2O en aire = peso del picnómetro lleno – el peso del picnómetro vacío.

Calculo:

Obtener el peso de la muestra como en 945.06B, utilizando el vino ó licor en lugar del agua.

$$\text{Gravedad especifica en aire} = S \,/\, W$$

Donde:

S = peso de la muestra

W = peso del H_2O

21.3.4 Alcohol en vinos (por volumen de gravedad específica) AOAC 16th Ed. Método 920.57

Se define como grado alcohólico volumétrico a los mL de etanol contenidos en 100 mL de vino medidos a una temperatura de 20°C y se representa el grado alcohólico como (% volumen). El método se basa en la destilación del vino mediante suspensión de hidróxido de calcio y la determinación de la masa volumétrica del destilado por picnometría.

Procedimiento

1. Medir 100 mL de muestra en matraz de destilación de 300-500 mL, registrar temperatura, y agregar 50 mL de H_2O, sujetar el frasco a un condensador vertical por medio de un tubo doblado.
2. Destilar poco menos de 100 mL y diluir a 100 mL a la misma temperatura. (En algunas ocasiones puede ocurrir el espumado, especialmente en vinos jóvenes, esto se puede prevenir adicionando una pequeña cantidad de material antiespumante).
3. Neutralizar con una solución de NaOH 1N antes del proceder con la destilación, para vinos que contienen una cantidad anormal de CH_3COOH, (calculada de la acidez, obtenida a través del método 962.12 de AOAC 16th Ed.), (no es necesario para vinos de sabor y olor normales).
4. Para obtener el correspondiente % de alcohol por volumen, proceder como en AOAC 16th Ed. Método 945.06C, a temperatura ambiente si se desea, y hacerlo de acuerdo a AOAC 16th Ed. Método 913.02.

21.3.5 Determinación de azúcares invertidos en azúcares y jarabes. Método Lane y Eynon NOM-006-SCFI-1994

Los azúcares reductores se determinan por reacción de óxido-reducción con el uso de una solución de cobre (Cu^{++}), el procedimiento se realiza en medio básico (enolización de los azúcares) y en presencia de tartrato para impedir la precipitación del Cu^{++}. El cuál se reduce a Cu^{+} y da lugar a un precipitado de color rojo ladrillo (Cu_2O).

Campo de aplicación

Se aplica para la determinación de reductores totales, contenidos en las materias primas utilizadas para elaborar tequila o tequila 100% y materiales en proceso, previos a la fermentación.

Material y Equipo

- Bureta de 50 mL graduada en 0.1 mL
- Cápsula de níquel de capacidad adecuada
- Fuente de calor con regulador de temperatura
- Matraces aforados de 100 mL, 200 mL y 1000 mL
- Matraz Erlenmeyer de 300 mL
- Pipetas volumétricas de 5 mL y 10 mL
- Papel filtro para azúcar
- Papel filtro ayuda
- Termómetro con escala de 0°C a 100°C
- Material común de laboratorio
- Agitador eléctrico
- Balanza analítica con sensibilidad de ± 0.1 mg

Reactivos

- Ácido clorhídrico concentrado con densidad relativa de 1.1029
- Solución de Fehling A y B (preparada ó comercial)
- Solución de azúcar invertido en agua
- Oxalato de sodio deshidratado

Procedimiento

a) Método de incrementos.- Utilice este método si no conoce la concentración aproximada del azúcar en la muestra.

1. A 10 o 25 mL de la mezcla de soxhlet, añada 15 mL de la solución de azúcar (inversión del azúcar en medio ácido a 70°C).
2. Caliente hasta punto de ebullición sobre mechero con tela de alambre.
3. Poner a ebullición por, aproximadamente, 15 segundos y rápidamente adicionar solución de glucosa de concentración conocida (°GR) hasta que sólo un ligero color azul permanezca.
4. Entonces adicione 1 mL de azul de metileno a 0.2% (3 o 4 gotas de solución a 1%) y completar la titulación adicionando la solución de glucosa gota a gota (el error en esta titulación debe ser aproximado a 1%).

b) Método estándar.- Para una precisión más alta, repetir la titulación adicionando casi la cantidad completa de solución de azúcar requerida para reducir el cobre.

1. Calentar hasta punto de ebullición y mantener a ebullición moderada por 2 minutos (se recomienda utilizar perlas de ebullición).
2. Sin quitar el calentamiento, adicionar 1 mL de solución acuosa de azul de metileno a 0.2 % (3 o 4 gotas de solución a 1%) y completar la titulación dentro de un tiempo total de ebullición de 3 min., con adiciones pequeñas (2 o 3 gotas) de solución de azúcar hasta decolorar el indicador.
3. Después de completar la reducción del cobre se reduce el azul de metileno a un compuesto incoloro y la solución toma el color naranja del Cu_2O que tenía antes de la adición del indicador.

Cálculo

mg Azúcar / 100 mL= Azúcar reductor total requerido/ mL titulación

21.3.6 Determinación de azúcares reductores totales en azúcares y materiales azucarados
NOM-006-SCFI-1994; Método de Lane y Eynon, 1923.

Para la medición de los azúcares simples se utiliza la solución de Fehling que contiene sulfato de cobre, además de tartrato de sodio y potasio a fin de que se realice la reacción redox antes mencionada entre el azúcar reductor (que tiene función aldehído) y una solución de Cu^{2+}. Es preciso calcular los gramos de glucosa necesarios para reducir un determinado volumen de Fehling realizando la valoración de una solución patrón de glucosa.

Material y Equipo

> Bureta de 50 mL graduada en 0.1 mL
> Cápsula de níquel de capacidad adecuada
> Fuente de calor con regulador de temperatura
> Matraces aforados de 100 mL, 100 mL y 1 000 mL
> Matraz Erlenmeyer de 300 mL
> Pipetas volumétricas de 5 mL y 10 mL
> Papel filtro Whatman
> Termómetro con escala de 0°C a 100°C
> Agitador eléctrico
> Balanza analítica con exactitud de ± 0.1 mg

Reactivos

> Solución de Fehling A y B (preparadas ó comercial)
> Solución de azúcar invertido en agua destilada
> Indicador de azul en metileno.
> Oxalato de sodio deshidratado

Procedimiento

1. Colocar 26 g de muestra y aforar a 200 mL de esta solución, tomar una alícuota de 50 mL, transferirlos a un matraz aforado de 100 mL, agregar 25 mL de agua.

2. Añadir poco a poco y girando el matraz 10 mL de ácido clorhídrico con una densidad relativa de 1.1029 (24.85° Brix a 20°C).
3. Calentar el baño de agua a 70°C; colocar el matraz con un termómetro dentro, agitando constantemente hasta que el contenido llegue a 67°C, lo cual debe lograrse de 2.5 a 3 min.
4. Continuar calentando la solución exactamente 5 min. más desde el momento que el termómetro marque los 67°C, tiempo durante el cual la temperatura del contenido del matraz debe llegar aproximadamente a 69°C.
5. Al final de los 5 min., colocar el matraz en agua fría. Cuando se alcance más o menos la temperatura ambiente, dejar enfriar en el baño de agua por lo menos 30 min.
6. Lavar el termómetro de modo que el agua de lavado caiga dentro del matraz y aforar a 100 mL.
7. Con una pipeta volumétrica tomar 10 mL de esta solución, transferirlos a un matraz aforado de 100 mL, aforar con agua, tapar el matraz y homogeneizar.
8. Con una pileta volumétrica transferir 5 mL de esta última solución, además de 5 mL de cada una de las soluciones de Fehling A y B a un matraz Erlenmeyer de 300 mL.
9. Titular con la solución preparada de reductores totales, procediendo como se hizo para la titulación de la solución de Fehling.

Calculo:

$$\text{\% de Reductores totales} = k \times 80 \times 10\,000 \,/\, v \times m$$

Donde:
k = gramos de reductores necesarios resultantes de la titulación de la solución estándar
80 = concentración del estándar
10 000 = Factor de dilución
v = mL de solución de reductores totales gastados en la titulación
m = gramos de muestra empleados.

21.3.7 Acidez titulable en vinos
AOAC 16th Ed. Método 962.12

Material y Equipo
- ➤ Matraz kitasato
- ➤ Matraz Erlenmeyer
- ➤ Bomba de vacio
- ➤ Bureta

Reactivos
- ➤ Solución indicadora de fenolftaleína
- ➤ Solución de NaOH 0.1 N

Procedimiento

1. Remover el dióxido de carbono, si está presente por cualquiera de los siguientes métodos:

   b) Colocar 25 mL de muestra en un matraz kitasato y conectarlo a una bomba de vacío, agitando por un minuto.

   c) Colocar 25 mL de muestra en un matraz Erlenmeyer, calentar a ebullición y mantenerlo así durante 30 segundos, agitar y enfriar.

2. Adicionar 1 mL de solución indicadora de fenolftaleína a 200 mL de agua hervida y caliente y ponerla en un matraz Erlenmeyer de boca ancha. Neutralizar a distintas tonalidades de rosa. Se adicionan 5 mL de la muestra desgasificada, para titularla con una solución valorada de NaOH (0.1N o 0.0667 N), el punto final de la titulación será la misma tonalidad que para la anterior.

Calculo:

   g de ácido_____ / 100 mL de vino = V x N x mEq del ácido x 100 / m

Donde:

V = volumen de hidróxido de sodio empleado en la titulación, en mL.

N = normalidad del hidróxido de sodio (0.1 N)

mEq del ácido = miliequivalente del ácido, el cual será: ácido tartárico 0.075, ácido málico 0.893 y ácido cítrico 0.933.

m = volumen de muestra empleado (mL)

Nota: si es empleado el álcali 0.0667 N, el parámetro **V** de la fórmula se debe dividir entre 10.

21.3.8 Determinación de azúcares reductores en vinos
AOAC 16th Ed. Método 920.64

Procedimiento para vinos secos

1. Colocar 200 mL de muestra en un matraz Erlenmeyer, neutralizar con NaOH 1N, calculando la cantidad requerida de la acidez (AOAC 16th Ed. Método 962.12)
2. Evaporar 50 mL para eliminar el alcohol. Transferir a un matraz volumétrico de 200 mL, adicionar suficiente solución de acetato de plomo Pb (CH$_3$COO)$_2$ de acuerdo al método 925.46B de AOAC.
3. Diluir a volumen con agua, agitar y filtrar a través de papel doblado.
4. Remover el Pb con oxalato de potasio y determinar el contenido de azúcares reductores como en AOAC 16th Ed. Método 906.03B

Procedimiento para vinos dulces

Utilizar una cantidad equivalente a 240 mg de sólidos de la muestra obtenida de la extracción, (según su densidad AOAC 16th Ed. Método 920.62) para determinar el contenido aproximado de azúcar, por reducción de cobre.

Nota: La extracción se lleva a cabo en baño de agua hasta obtener un líquido viscoso, de acuerdo al contenido de sólidos de la muestra (AOAC 16th Ed. Método 920.64). Si la muestra tiene 3-6 g/ 100 mL, se recomienda evaporar 50 mL de muestra, si la muestra tiene más de 6 g/100 mL, se recomienda evaporar 25 mL de la muestra a temperaturas no muy elevadas (menos de 70°C) para evitar la descomposición de la fructosa.

Los cálculos se harán de acuerdo a lo descrito para el Método Lane y Eynon

21.3.9 Determinación de sulfatos en vinos
AOAC 16^{ht} Ed. Método 955.26

La técnica gravimétrica para la determinación de sulfatos en vinos se realiza en un medio ácido, para posteriormente adicionarle cloruro de bario, el cual forma un precipitado, que se cuantifica como sulfato de bario.

Material y Equipo
- Matraz Erlenmeyer de 250 mL
- Pipeta de 10 mL
- Crisol Munroe
- Desecador
- Papel filtro (libre de cenizas)
- Baño de Agua
- Placa de calentamiento
- Balanza analítica
- Horno o estufa de aire

Reactivos
- Ácido clorhídrico (HCl) 1N
- Solución de cloruro de bario ($BaCl_2 \cdot 2H_2O$) 1 g/100 mL

Procedimiento
1. A una muestra de 100 mL adicionar 2 mL de una solución de HCl 1N.
2. Calentar a ebullición y agregar gota a gota 10 mL de una solución de cloruro de bario dihidratado.
3. Continuar hirviendo por 5 minutos más, manteniendo el volumen constante, lo cual se puede lograr adicionando agua caliente, conforme se vaya requiriendo.
4. Posteriormente dejar la muestra que repose, hasta que el sobrenadante se clarifique (una noche es conveniente, pero no debe exceder este tiempo).
5. Filtrar la muestra sobre un papel filtro (libre de cenizas) o a través de un crisol de Munroe previamente tarado.
6. Lavar con agua caliente para quitar el cloro libre, secar.
7. Incinerar la muestra (700 – 800°C), enfriar y pesar.

Cálculo:

$$\text{mg SO}_3 \text{ / 100 mL de la muestra}$$

Principios básicos de bromatología para estudiantes de nutrición

Parte VI

Análisis sensorial

Principios básicos de bromatología para estudiantes de nutrición

Capítulo 22

Análisis Sensorial

La evaluación sensorial es el análisis de alimentos y otros materiales por medio de los sentidos. La palabra sensorial se deriva del latín *sensus*, que quiere decir sentido. Ya que el instrumento de medición es el ser humano, es necesario tomar todas las precauciones para que las respuestas sean objetivas, considerando que son pruebas tan importantes como los métodos químicos, físicos y microbiológicos. Es por tanto una forma de medición estrictamente normalizada que implica el uso de técnicas específicas perfectamente estandarizadas, con el objeto de disminuir la subjetividad en las respuestas. Las empresas del tipo alimentario, y farmacéutico entre otras, lo usan para el control de calidad de sus productos, ya sea durante la etapa del desarrollo o durante el proceso de rutina.

A fin de lograr la objetividad en las respuestas, se debe contar con evaluadores sensoriales intensamente entrenados por equipos psicofísicos multidisciplinarios tanto como con diversas pruebas de análisis a fin de evitar errores de tipo físico y psicológico vinculados con la presentación de muestras, el espacio donde se realicen las pruebas y el equipo a utilizar para las mismas.

Para determinar el desarrollo de nuevos productos alimenticios, reformulación de productos ya existentes, identificación de cambios causados por los métodos de procesamiento, almacenamiento y uso de nuevos ingredientes así como, para el mantenimiento de las normas de control de calidad, se emplean métodos de análisis adaptados a las necesidades del consumidor y evaluaciones sensoriales con panelistas no entrenados.

La selección de alimentos por parte de los consumidores, está determinada por los sentidos de la vista, olfato, tacto y gusto, que son las herramientas para determinar las características funcionales de los alimentos.

22.1 Los sentidos y las propiedades sensoriales.

- <u>El olor y el aroma</u>, son percepciones que se aprecian a través del olfato. En el primer caso, por medio de la nariz, se perciben las sustancias volátiles liberadas por los alimentos; mientras que el segundo, consiste en la percepción de las sustancias olorosas y aromáticas de un alimento después de haberse puesto en la boca y ser disueltas en la mucosa del paladar y la faringe, llegando a través del Eustaquio a los centros sensores del olfato.

  El aroma es el principal componente del sabor de los alimentos, es por eso que cuando se tiene gripe o resfriado, éste no es detectado, del mismo modo, el uso y abuso del tabaco, drogas o alimentos picantes y muy condimentados, insensibilizan la boca y por ende la detección de aromas y sabores.

- <u>El gusto</u>, es una propiedad de la lengua para detectar los sabores básicos: ácido, dulce, salado, y amargo, aunque puede haber combinación de dos o más de éstos.
- <u>El sabor</u>, es una propiedad compleja de los alimentos que combina tres propiedades de los alimentos, el olor, el aroma y el gusto, el sabor, se puede considerar una propiedad química que involucra la detección por medio de las papilas gustativas de la lengua, la mucosa del paladar y el área de la garganta, de estímulos disueltos en aceite, agua o saliva.
- <u>La textura</u>, Es el conjunto de propiedades físicas que dependen de la estructura tanto macroscópica como microscópica de los alimentos y que puede ser percibida por los receptores táctiles, visuales y auditivos cuando el alimento ha sufrido una deformación y permite saborearlo, decir si es blando o duro, reseco o jugoso, fibroso granuloso o crujiente, gomoso, viscoso, adhesivo o elástico, entre otras propiedades.

22.2 Pruebas sensoriales

Se habla de tres tipos de pruebas, a saber:

- **Descriptivas**: Son las pruebas más completas, consisten en la descripción de las propiedades sensoriales (parte cualitativa) y su medición (parte cuantitativa). Requiere de jueces bien entrenados en el proceso mental estímulo-respuesta, el desarrollo de un vocabulario descriptivo y de aprender a medir con diversas escalas.

Entre las más utilizadas se tienen.

    a) Tiempo e intensidad
    b) Perfil de sabor
    c) Perfil de textura
    d) Análisis cuantitativo-descriptivo
    e) De categoría de intervalo
    f) Estimación de magnitud
    g) Ordinal

En este tipo de pruebas, el panel no es mayor de 10 personas, por la dificultad para entrenar un mayor número de personas.

- **Discriminativas**: con estas pruebas, busca establecer si hay diferencia o no entre dos o más muestras, y en algunos casos, la magnitud o importancia de esa diferencia. Se pretende que el panel defina cuánto difiere un producto de un control, pero no calificar sus propiedades o atributos. Las pruebas discriminativas más usadas son:

    a) Apareada simple
    b) Dúo-trío
    c) Comparaciones múltiples
    d) De ordenamiento.
    e) De umbral
    f) Dilución

Dependiendo del tipo de ensayo, en estas pruebas se emplean de 20 a 25 personas

- **Afectivas**: son aquellas en las que el juez manifiesta su reacción ante el producto tan solo indicando si le gusta, le disgusta, lo acepta o lo rechaza. Entre éstas se tienen de tres tipos:

    a) De preferencia, (pareada y de ordenamiento)
    b) De aceptación, (muestra simple)
    c) Escalares (hedónica y de actitud), suelen llevar escalas de puntos que indiquen el nivel de agrado o desagrado. Por lo general se realizan con paneles inexpertos o con solamente consumidores.

Para que los resultados sean válidos son necesarias numerosas respuestas por lo que no se trabaja con menos de 80 personas

22.3 Fichas de pruebas

PRUEBAS DESCRIPTIVAS

Perfil de sabor

1.-

Nombre _____ Fecha _____

Analice las muestras en cuanto a la intensidad de las características sabor y olor que describen al producto, teniendo en cuenta el orden de aparición de las mismas. Evalúe además la amplitud conforme a las escalas descritas a continuación:

Intensidad	Amplitud
• Imperceptible • Ligero • Moderado • Fuerte • Muy fuerte	• Baja • Media • Alta

Descriptor en orden de aparición   Intensidad

Aroma   AMPLITUD _____

_____   _____

_____   _____

_____   _____

Sabor   AMPLITUD _____

_____   _____

_____   _____

_____   _____

Sabor residual

_____   _____

2.-

Nombre _____ Fecha _____

PRODUCTO: REFRESCO DE _____.

Evalúe la intensidad y amplitud de cada atributo que describe el aroma y sabor del producto según las escalas siguientes:

Intensidad	Amplitud
• No presenta • Ligera • Moderada • Intensa	• Baja • Media • Alta

INTENSIDAD

Aroma

Dulce _____

Cola _____ Amplitud _____

Sabor

Cola _____

Vainilla _____

Dulce _____

Astringente _____ Amplitud _____

Regusto _____

Perfil de textura.

1.-

Nombre _____ Fecha _____

PRODUCTO: Salchicha.

Coloque la muestra suavemente entre sus dedos, presiónela, luego coloque una porción en su boca y mastique dos veces con las muelas, evalúe los atributos siguientes:

DUREZA

Muy Blando   Muy Duro

FRACTUBILIDA

No Fracturable   Muy Fracturable

ELASTICIDAD

No Elástico   Muy Elástico

Coloque el resto de la muestra en su boca, mastíquela y evalué

ARENOSIDAD

No Presenta   Muy Arenoso

ADHESIVO

No Adhesivo   Muy Adhesivo

GOMOSIDA

No Elástico   Muy Elástico

Evalué al tragar l

RECUBRIMIENTO
BUCAL   Mucho

2.-

Nombre _____ Fecha _____

INSTRUCCIONES: Favor de marcar con una línea vertical sobre la línea horizontal, el punto que mejor describa la intensidad de cada uno de los atributos que describen la textura del producto:

Guayaba en conserva.

	Poca	Mucha
Dureza		
Adhesividad		
Arenosidad		
Aspereza		
Humedad		
Resequedad Bucal		

Análisis cuantitativo descriptivo.

Nombre _____Fecha _____

Evalúe las muestras y marque con una línea vertical sobre la escala, en el punto que mejor describa el atributo analizado.

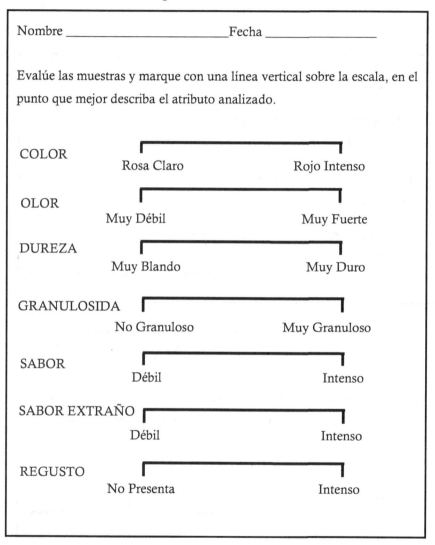

COLOR

    Rosa Claro   Rojo Intenso

OLOR

    Muy Débil   Muy Fuerte

DUREZA

    Muy Blando   Muy Duro

GRANULOSIDA

    No Granuloso   Muy Granuloso

SABOR

    Débil   Intenso

SABOR EXTRAÑO

    Débil   Intenso

REGUSTO

    No Presenta   Intenso

PRUEBAS DISCRIMINATIVAS

Pareadas

1.-

Nombre _____ Fecha _____

Pruebe las muestras recibidas e indique con una (X) sobre la línea, si son iguales o diferentes.

Por favor pruebe las muestras de izquierda a derecha y enjuáguese la boca entre una degustación y otra.

Muestras	Diferentes	Iguales
420 115	_____	_____

2.-

Nombre _____ Fecha _____

Ud. ha recibido dos muestras codificadas como 124 y 307, pruébelas de izquierda a derecha y marque con una (x) la muestra que considere más salada.

Enjuáguese la boca entre cada par.

Muestras   124 _____   307 _____

Observaciones   _____

Dúo-Trío

1.-

> Nombre _____ Fecha _____
>
> Sírvase degustar la primera muestra que corresponde al control. Descanse un minuto y pruebe las dos muestras numeradas. Señale cuál de ellas es igual al control encerrándola en un círculo.
>
> Enjuáguese la boca antes de evaluar cada muestra.
>
> | Control | Muestras | |
> |:---:|:---:|:---:|
> | R | 504 | 128 |

2.-

> Nombre _____ Fecha _____
>
> Pruebe la muestra de referencia (R), y posteriormente de izquierda y derecha las muestras codificadas de cada par, enjuagándose la boca entre una y otra.
>
> Marque con una (x) al lado de la muestra que para Ud. es diferente a la referencia. Repita el mismo procedimiento para el resto de los pares,
>
> | | | Muestras | |
> |---|---|---|---|
> | Par 1 | 641 _____ | 120 _____ |
> | Par 2 | 857 _____ | 333 _____ |

Triangular

Consiste en presentar tres muestras simultáneamente: dos de ellas iguales y una diferente, misma que debe ser identificada.

Al igual que las pruebas antes descritas se requiere aleatoriedad en la presentación de las muestras debiéndose ofrecer si se requiere las seis combinaciones posibles, en las cuales las posiciones de las dos muestras son diferentes. Las posibilidades de combinación son:

n = 1 x 2 x 3 = 6;   Muestras A y B.

Combinaciones ABA   AAB   BAA   BBA   BAB   ABB

Nombre _____ Fecha _____

A continuación se presentan 3 muestras de las cuales dos son iguales y una diferente. Pruébelas cuidadosamente de izquierda a derecha y encierre en un círculo la muestra diferente.

Enjuáguese la boca entre una muestra y otra.

Si estima necesario dé sugerencias.

Muestras   927   125   308

Sugerencias

_____

_____

De ordenamiento

1.-

Nombre _____ Fecha _____

Pruebe las muestras de izquierda a derecha, después de enjuagarse la boca antes de evaluar cada una.

Ordénalas en forma decreciente según su intensidad en amargor.

más amargo ————————————————→ menos amargo

_____   _____   _____

2.-

Nombre _____ Fecha _____

Ud. ha recibido tres muestras, evalúelas y ordénelas de manera creciente según su dureza. Pruebe las muestras en el orden de la manecilla del reloj, comenzando por la que se le presenta enfrente.

Enjuáguese la boca antes de cada degustación con el agua que se le presenta.

Muestras	746	121	740	363
Orden	_____	_____	_____	_____

De comparación múltiple

1.-

Nombre _____ Fecha _____

Se le presenta una muestra de referencia (R), la cual va a comparar en cuanto a sabor con las muestras codificadas recibidas. Pruebe las muestras de izquierda a derecha. . Marque con una (X) según el grado de diferencia que Ud. encuentre

Enjuáguese la boca con agua entre cada degustación

	Muestras			
Escala de diferencia	805	408	125	307
Ninguna				
Ligera				
Moderada				
Mucha				
Extrema				

Observaciones

2.-

Nombre _____ Fecha _____

Observe la muestra de referencia (patrón, control), tantas veces como sea necesaria, determine el grado de diferencia que existe entre el color de esta y las muestras codificadas. Si Ud. no detecta diferencia marque con una (X) en la casilla ninguna, si a su juicio existen diferencias utilice la casilla correspondiente señalando con una (X) justamente en aquella que presenta la intensidad de la diferencia que Ud. aprecia.

Se compara cada muestra por separado con el patrón y no las muestras entre sí.

Muestra de referencia: R

Grado de diferencia	108	040	306	122	520
Extrema					
Mucha					
Moderada					
Ligera					
Ninguna					

De Umbral

1.-

Nombre _____ Fecha _____

Ud. ha recibido 6 muestras, pruébelas cuidadosamente comenzando por la primera de la izquierda, continúe en orden sucesivo. Marque con una (x) aquella en cuál Ud. detecta un sabor diferente, continúe probando el resto de las soluciones hasta tanto confirme el sabor y anote (1) en dicha solución.

Enjuáguese la boca con agua entre cada degustación

Muestras	245	109	403	368	374	400
Respuestas	___	___	___	___	___	___

2.-

Nombre _____ Fecha _____

Pruebe las muestras de izquierda a derecha. Marque con una (X) en cual solución Ud. percibió un sabor específico.- Encierre en un círculo el número de la solución en que Ud. identificó el sabor. Anote que sabor identificó.

Soluciones	1	2	3	4	5	6
Muestras	542	008	134	728	106	402
Respuestas	___	___	___	___	___	___

De dilución.

Determina la mínima cantidad del componente en estudio que puede ser detectada cuando se mezcla con un material base, dicho de otra manera, es la prueba que permite determinar la mayor cantidad de material examinado que no es detectado cuando se mezcla con un material patrón.

El método es aplicado para tener una medida de la diferencia entre varias muestras.

El modelo empleado, es similar al de la prueba dúo-trío.

PRUEBAS AFECTIVAS

Pruebas escalares

Ordinales

1.-

Nombre _____ Fecha _____

Evalúe las cuatro muestras recibidas de izquierda a derecha y dé un valor numérico según su calidad. No se permite empates.

Orden	Muestras
1	_____
2	_____
3	_____
4	_____

Observaciones

_____

2.-

Nombre _____ Fecha _____

Evalué las muestras de izquierda a derecha y ordénelas según la intensidad de color (rojo, verde, azul entre otros), Considere 1 como la de menor intensidad y 5 como la de máxima.

Muestras	246	630	125	402	080
Respuestas	___	___	___	___	___

De intervalo

1.-

Nombre _____ Fecha _____

Pruebe las dos muestras a evaluar en el orden presentado, e indique a través de una marca sobre la línea, la intensidad de olor a (vainilla, durazno limón entre otros) percibido. Aclare el código de la muestra.

|———————————|———————————|

No Presenta   Extremadamente Intenso

2.-

Nombre _____ Fecha _____

Evalúe la calidad de la muestra y marque con una (x) sobre la línea según corresponda en la siguiente escala

Excelente   _____

Muy Bueno   _____

Bueno   _____

Regular   _____

Malo   _____

De estimación de magnitud.

1.-

Nombre _____ Fecha _____

Del listado de palabras siguientes, asígnele a la primera el valor de 10. Después analice la segunda palabra y si le agrada dos veces marque 20 G. (G = gusto), si la tercera palabra le disgusta, y comparándola con la primera le agrada tres veces menos, marque 30 D (D = disgusto).

PALABRAS	¿CUANTAS VECES "G" ó "D"?
Perfume	
Sexo	
Cigarro	
Espagueti	
Amor	
Calor	

2.-

Nombre _____ Fecha _____

Ud. recibió una muestra de referencia (R), asígnele el valor 10 para indicar su intensidad de sabor salado. Pruébela, e identifique cuantas veces más o menos intenso son las otras muestras presentadas.

Muestras   408   123   004

Magnitud

_____   _____   _____

3.-

Nombre _____ Fecha _____

Marque sobre la línea que se encuentra a la derecha del dibujo e indique la proporción del área sombreada.

Ninguna   Toda

Ninguna   Toda

Ninguna   Toda

Ninguna   Toda

4.- Módulo libre

Nombre _____ Fecha _____

Evalúe la muestra que Ud. ha recibido como patrón, asígnele el valor que desee para indicar su dureza. Evalúe las muestras restantes, compárelas con el patrón e indique en qué medida (mayor o menor) varía su dureza, asignándoles a cada una el valor que corresponda.

Muestras	Magnitud
008	_____
129	_____
683	_____

Parte VII

Bibliografía

Principios básicos de bromatología para estudiantes de nutrición

Bibliografía Recomendada

ALLEN O.N. Y ALLEN E.K. The *Leguminosae*; a source book of characteristics, uses, and nodulation. The University of Winsconsin Press, Madison, WI. 1980.

ANTONIO FERMÍN TORIBIO DELGADO Y JUAN MAYNAR MARIÑO. Vino y Salud 167-177. Depto de Química Analítica Fac. de Ciencias, Univ. Extremadura. España 2007.

ASSOCIATION OF OFFICIAL AGRICULTURAL CHEMISTS, Official Methods of Analysis of AOAC International. Vol. I and II. Edited by Patricia Cunniff. 16th edition, 3rd revision, Maryland, USA. 1997.

ASSOCIATION OF OFFICIAL AGRICULTURAL CHEMISTS, Official Methods of Analysis of AOAC International. William Horwitz y Geroge . W. Latimer Jr. Editores. 18th edition, 1th revision, Maryland, USA. 2006.

ASTIASARÁN I.; MARTÍNEZ J. A.. Alimentos: Composición y Propiedades, Editorial McGraw Hill/ Interamericana. Madrid, 2003.

BADUI-DERGAL S, BOURGES-RODRIGUEZ H, ANDALDÚA-MORAL A. Química de los alimentos. México Addison Wesley Longam Person Educación 1993 reimp. 1999.

BELLO GUTIÉRREZ JOSÉ, Ciencia Bromatológica. Principios generales de los alimentos. Editorial Díaz de Santos. Madrid, Es. 2000

BRENES A. Y BRENES J. (1993). Tratamiento tecnológico de los granos de leguminosas: influencia sobre su valor nutritivo. IX CURSO DE ESPECIALIZACION FEDNA. Barcelona, Es.

BOROVKOV, V. V., † LINTULUOTO J. M., INOUE.Y. Stoichiometry-Controlled Supramolecular Chirality Induction and Inversion in Bisporphyrin Systems. *Org. Lett.,* Vol. 4 (2), 2002.

BROMATOLOGÍA Y NUTRICIÓN. Análisis de macrocomponentes, trabajos prácticos. Facultad de Ciencias exactas. Área bioquímica y control de alimentos. Universidad de Nuevo León. año

CHARLEY H. Tecnología de los alimentos. Procesos químicos y físicos en la preparación de los alimentos. Editorial Limusa. México, 1987.

DOMINGUEZ-LÓPEZ, VALDÉZ-MIRAMONTES, LÓPEZ-ESPINOZA. Bromatología, conceptos básicos. Editorial Universitaria. Universidad de Guadalajara. ISBN978 607 450 010 3. 2009.

ELÍAS L.G. (1978). Composición química de la pulpa del café y otros subproductos. División de Ciencias Agrícolas y de Alimentos, Instituto de Nutrición de Centro América y Panamá (INCAP). Guatemala, Guatemala.

FAO El sorgo y el mijo en la nutrición humana. 1995 (Colección FAO: Alimentación y nutrición N°27) ISBN 92-5-303381-9

FENNEMA OWEN R. Química de los alimentos. Ed. Acribia Zaragoza. España, ISBN 978-84-200-0914-8. 2000.

FREIFELDER, D. Técnicas de Bioquímica y Biología Molecular. Ed. Acribia ISBN 84200006157. 1988

GIL HERNÁNDEZ A. Y RUÍZ LÓPEZ M.D. Tratado de nutrición, tomo II. Composición y calidad nutritiva de los alimentos 2da. Edición. Editorial Médica Panamericana. Madrid, Es. 2010

GREENSPAN L. Humidity fixed points of binary saturated solutions, J. Res. Nat. Bureau of Standars. A Physics and Chemistry, 81A.89-96, Numbers rounded to nearest thousandth. 1977.

GURROLA DÍAZ C., RAMOS RAMIREZ M. Á., ROMERO IÑIGUEZ R. J., SANTIAGO LUNA M. Bioquímica. Conceptos básicos CUCS-UDG, ISBN 968-5958-06-8. 2006.

HART LESLIE F.; FISHER HARRY JOHNSTONE. Análisis Moderno de los Alimentos. Editorial Acribia. Zaragoza, España, ISBN 84-200-0297-6. 1991.

INSTRUCTION MANUAL POLARIMETER POLAX 2L-ATAGO. Cat. No. 5223

INSTRUCTION MANUAL REFRACTOMETER ABBÉ. VEE GEE Analytical Instruments Cat. No. C10

KARLSON P. Manual de Bioquímica. Editorial Marín. México, 1990.

KIRK RONALD S., SAWYER RONAL.M., EGAN HAROLD. Composición y Análisis de Alimentos de Pearson. Editorial Continental. México. ISBN 968-26-0734-5. 2002.

KUKLINSKI C. Nutrición y Bromatología. Ediciones OMEGA. Barcelona, España. ISBN 84-282-1330-5. 2003

LEES R. Análisis de los alimentos. Métodos analíticos y de control de calidad. Editorial Acribia. Zaragoza, España, 2ª edición en español. ISBN 84-200-0497-9. 1996

MASTERTON L. WILLIAM, SLOWINSKI J. EMIL. Química General Superior. Editorial Interamericana. México. ISBN 968-25-0377-9. 1979.

MCKEE T.; MCKEE J. Bioquímica, la base molecular de la vida. Editorial Mc Graw – Hill/Interamericana. Madrid, España. ISBN 84-486-0524-1. 2003.

MULLER H.G. y TOBIN G., Nutrición y Ciencia de los Alimentos, Editorial Acribia, Zaragoza. España ISBN 84-200-0585, 1986.

MUÑOZ DE CHÁVEZ MIRIAM. Composición de alimentos. Valor Nutritivo de los alimentos de mayor consumo. Ledesma-Solano JA, Chávez-Villasana A, Pérez-Gil-Romo F, Mendoza-Martínez E, Calvo-Carillo C. México: McGraw Hill; 2010.

MURRAY R. K., Mayes P.A., Granner D.K., Rodwell V.W. Harper Bioquímica Ilustrada. 16th Ed. Editorial El manual moderno México ISBN 970-729-071-4. 2004.

MUZQUIZ M. Impacto positivo del consumo de legumbres en la salud humana. Instituto Nacional de Investigación Agraria y Alimentaria, Ministerio de Educación y Ciencia. GLIP dissemination event – Madrid, Es. 2005.

NORMA OFICIAL MEXICANA NMX-F-336-S-1979. Huevo. Determinación de colesterol. Disponible en: http://www.colpos.mx/bancodenormas/nmexicanas/NMX-F-336-S-1979.PDF

NORMA OFICIAL MEXICANA NOM-086-SSA1-1994, Alimentos y bebidas no alcohólicas con modificaciones en su composición. Disponible en: http://www.salud.gob.mx/unidades/cdi/nom/086ssa14.html

NORMA OFICIAL MEXICANA NOM-006-SCFI-1994, Bebidas alcohólicas-Tequila-Especificaciones. Disponible en: http://www.colpos.mx/bancodenormas/noficiales/NOM-006-SCFI-1994.PDF

NORMA OFICIAL MEXICANA NOM-142-SSA1-1995. Bienes y servicios. Bebidas alcohólicas. Especificaciones sanitarias. Etiquetado sanitario y comercial. Disponible en http://www.salud.gob.mx/unidades/cdi/nom/142ssa15.html

NORMA OFICIAL MEXICANA NOM-116-SSA1-1994. Determinación de humedad en alimentos por tratamiento térmico. Método por arena o gasa. Disponible en: http://www.salud.gob.mx/unidades/cdi/nom/116ssa14.html

NORMA OFICIAL MEXICANA NOM-155-SCFI-2003, Leche, fórmula láctea y producto lácteo combinado-Denominaciones, especificaciones fisicoquímicas, información comercial y métodos de prueba. Disponible en http://www.ordenjuridico.gob.mx/Publicaciones/CDs2007/CDAgropec uaria/pdf/83NOM.pdf

NORMAS TÉCNICAS ISO6731:1989 Milk, cream and evaporated milk - Determination of total solids content (Reference method). RC: International Organization for Standardization.

OROZCO D. FERNANDO. Análisis Químico Cuantitativo, Ed. Porrua, S.A. 1ª. Ed. México, ISBN 968-432-004-3. 1993.

PÉREZ CALDERÓN RUTH. Estudio de validación de la metodología para la determinación de vitamina A en alimentos infantiles instantáneos por cromatografía líquida de alto rendimiento (HPLC). Rev Med Exp; vol. 17 (1-4), 2000.

PINTO C. M., CARRASCO R., E. FRASER L., B. LETELIER H., A. DÖRNER P. W. Composición química de la leche cruda y sus variaciones a nivel de silos en plantas lecheras de la viii, ix y x regiones de chile. parte i. macrocomponentes. Universidad Austral de Chile. 2008.

QUÍMICA DE ALIMENTOS (Trabajos prácticos de laboratorio) Área Bromatología – Departamento Química Orgánica. Facultad de Ciencias Exactas y Naturales – Universidad de Buenos Aires, 2005.

SANTOS E. Y CRUZ G. I. Manual de procedimientos de seguridad en los laboratorio de la UNAM 2da. Ed. DGIRE. ISBN 968-36-8403-3, 2002.

SIEGFRIED G. M. Y MARIO A. A. Procesamiento de carnes y embutidos. Elaboración estandarización y control de calidad. un manual práctico de experiencias Agencia Alemana de Cooperación GTZ (Gesellschaft für Technische Zusammenarbeit) y la Oficina de Ciencia y Tecnología de la Organización de los Estados Americanos, OEA. 1993.

WOOT-TSUEN WU LEUNG. Tabla de composición de alimentos para uso en América latina. Instituto de Nutrición de Centro América y Panamá, Comité Interdepartamental de Nutrición para la Defensa Nacional. Ed. Interamericana. 1975

ZDZISLAW E. SIKORSKI. Chemical and functional properties of food components. Technomic Publishing. Pennsylvania, ISBN 1-56676-464-5. USA, 1997.

RECURSOS DE INTERNET

AGENDA PROSPECTIVA DE INVESTIGACIÓN Y DESARROLLO TECNOLÓGICO DE LA CADENA LÁCTEA COLOMBIANA http://www.lecheynutricion.com.ar/. Fecha de consulta: Septiembre 2012

ALIMENTOS EN HUMANOS (HUEVO Y CARNE) http://www.alimentacionynutricion.org/es/index.php?mod=content_detail. Fecha de consulta: Septiembre 2012

BASSET N. Guide théorique et pratique du fabricant d´ alcools et du destillateur/ N. Basset-Paris : liber. De dictionnaire des arts et manufactures, 822 p, 22 cm. 1868 http://www.readanybook.com/online/231419_71040 6/09/12. Fecha de consulta: Septiembre 2012

CHEMISTRY IN VERY CUP
http://www.rsc.org/chemistryworld/Issues/2011/May/ChemistryInEve
ryCup.asp. Fecha de consulta: Julio 2013

CROMATOGRAFÍA DE LÍPIDOS
www2.uah.es/tejedor_bio/bioquimica/cromatograf-lipidos.pdf2009 Fecha
de consulta: Septiembre 2012

CURSO DE QUÍMICA Y ANÁLISIS DE ALIMENTOS 06/07. Escuela
Superior de Ciencias Experimentales y Tecnología'
www.emagister.com.mx. Fecha de consulta: Septiembre 2009

DOUGLAS A. SKOOG, STANLEY R. CROUCH, F. JAMES HOLLER, 2008.
Principios de Análisis Instrumental. Editorial Cengage Learning. ISBN 0-
495-01201-7.Cap 2-5 books.google.com.mx. Fecha de consulta: octubre
2012

DETERMINACIÓN DE GLÚCIDOS Y PROTEÍNAS. GUÍA PRÁCTICA
2003. Cátedra de ciencias y tecnología de la leche. Departamento de
Producción e Industria Animal, Facultad de Ciencias Veterinarias.
Universidad   del   Zulia.   Maracaibo,   ' Brasil.
www.revistavirtualpro.com/files/ti26_200512.pdf. Fecha de consulta:
julio de 2012

EUGENE D. OLSEN, 1990. Métodos Ópticos de Análisis. Págs. 438-441
Books.google.com.mx ISBN 8429143246. Fecha de consulta: Septiembre
2012

HARINA DE TRIGO.
http://www.botanical-online.com/harina.htm. Fecha de consulta:
Septiembre 2012

HERNÁNDEZ H. L., GONZÁLEZ P. C., Introducción al Análisis
Instrumental. Editorial Ariel Ciencia. ISBN 84-344-8043-3. Cap. 2.
books.google.com.mx. 2002. Fecha de consulta Septiembre 2012.

INSTITUTO DE ESTUDIOS DEL HUEVO
http://www.institutohuevo.com/images/archivos/composicion_yema_y _clara_de_huevo.pdf 6/09/12. Fecha de consulta: Septiembre 2012

INTRODUCCIÓN A LOS MÉTODOS ÓPTICOS DE ANÁLISIS.
http://catedras.quimica.unlp.edu.ar/qa3/Clases_Teoricas/INTRODUC CION_A_LOS_METODOS_OPTICOS_DE_ANALISIS.pdf. Fecha de consulta Octubre 2012.

JAIRO RESTREPO R. Caracterización física y química de los frutos del café. http://www.infocafes.com/descargas/biblioteca/90.pdf. Fecha de consulta: Septiembre 2012

LABCONCO®. A guide to Kjeldahl nitrogen determination methods and apparatus. http://expotechusa.com/Catalogs/Labconco/PDF/KJELDAHLguide.P DF. Fecha de consulta: Septiembre 2012

LUZ POLARIZADA
http://es.wikipedia.org/wiki/Luz_polarizada Fecha de consulta Septiembre 2012.

MANFUGÁS ESPINOSA JULIA. Evaluación sensorial de los alimentos. Ed. Universitaria, ministerio de educación superior. Ed. Raúl G. Torricella Morales. Editorial universitaria, 2007, La Habana Cuba. http://revistas.mes.edu.cu/greenstone/collect/repo/index/assoc/D9789 591/605399.dir/9789591605399.pdf. Fecha de consulta: Septiembre 2012

POLARIMETRÍA. http://es.wikipedia.org/wiki/Polarimetr%C3%ADa. Fecha de consulta Octubre 2012.

PROPIEDADES DEL SALVADO www.botanical-online.com/salvado.htm Fecha de consulta: Septiembre 2012

REFRACTOMETRÍA. http://es.wikipedia.org/wiki/Refractometr%C3%ADa. Fecha de consulta Octubre 2012.

SALAZAR M.D. Micronutrientes. Revista Ciencias.com
http://www.revistaciencias.com/publicaciones/EpyFyupypFMiHfMyLc
.php. Fecha de consulta: Septiembre 2012

Vitamina B3: niacina, ácido nicotinico, nicotinamida o factor PP
www.biopsicologia.net/fichas/page_1041.html. Fecha de consulta:
Septiembre 2012

UNIVERSIDAD DE BOGOTÁ JORGE TADEO LOZANO Guía de prácticas
Departamento de Ciencias Básicas, Laboratorio de Bioquímica
http://www.utadeo.edu.co/comunidades/estudiantes/ciencias_basicas/f
isicoquimica/guia_4_osmosis.pdf. Fecha de consulta: Septiembre 2012

VITAMINAS Y MINERALES www.monografías.com. Fecha de consulta:
Septiembre 2012

VITAMINAS www.nutrinfo.com.ar. 2009. Fecha de consulta: Septiembre 2012

VINOS. Fundación EROSKI. Fecha de consulta: Septiembre 2012

http://www.consumer.es/web/es/alimentacion/guia-
alimentos/bebidas/2001/04/17/35254.php. Fecha de consulta:
Septiembre 2012

WILLIAM F. PICKERING, 1980. Química Analítica Moderna. Editorial
Reverté. ISBN 84-291-7471-0. *Págs. 263-274.* books.google.com.mx. Fecha
de consulta: Septiembre 2012.

Principios básicos de bromatología para estudiantes de nutrición

Parte VIII

Apéndices

Principios básicos de bromatología para estudiantes de nutrición

APÉNDICE A

PREPARACIÓN DE REACTIVOS

1.- ÁCIDOS

1.1 Preparación de soluciones de carbonato de sodio (Na_2CO_3) para valoración de la normalidad de ácidos fuertes

1. El Na_2CO_3 anhidro químicamente puro se seca a 240-250°C en estufa de aire durante media hora, se enfría en desecador.
2. Se procede a pesar con toda exactitud porciones de 0.15 a 0.25g.
3. Las porciones se disuelven en 50 mL de agua destilada, en un matraz Erlenmeyer de 250 mL.
4. Adicionar 2 gotas del indicador rojo de metilo.
5. Proceder a la titulación del ácido correspondiente.
6. Hacer la lectura del nivel de ácido gastado en la bureta y calcular la normalidad contra el peso del Na_2CO_3.

Nota: Pueden pesarse cantidades diferentes de Na_2CO_3 y hacer diversas disoluciones, acordes a la concentración de los ácidos a valorar.

1.2 Ácido clorhídrico (HCl) 0.1 N

Medir los mililitros correspondientes a 3.65 g de HCl, (dependiendo de la densidad y pureza del reactivo) y diluir a 1 L con agua destilada, valorar con una solución de Na_2CO_3.

1.3 Ácido clorhídrico 1:3

Mezclar un volumen de ácido clorhídrico con 3 volúmenes de agua destilada. Recordar que nunca se debe adicionar agua sobre ácido.

1.4 Ácido clorhídrico 2M y 6M

1.- Medir en mL el equivalente a 2 moles de HCl (de acuerdo a la pureza del reactivo) y aforar a un litro de agua destilada. (2M)

2.- Medir en mL el equivalente a 6 moles de HCl (de acuerdo a la pureza del reactivo) y aforar a un litro De agua destilada. (6M)

1.5 Ácido sulfúrico (H_2SO_4) al 4% v/v
Medir 4 mL de H_2SO_4 concentrado y aforar a 100 mL con agua destilada.
Ácido sulfúrico al 1.25%(v/v)
Medir 1.25 mL de H_2SO_4 concentrado y aforar a 100 mL con agua destilada.

1.6 Solución ácido metafosfórico (HPO_3) – ácido acético (CH_3COOH).
Disolver con agitación constante 15 g de HPO_3 (ya sea que la presentación sea en pellets o en gránulos), en 40 mL de CH_3COOH y en 200 mL de agua; diluir a 500 mL y filtrar rápidamente a través de un papel filtro a un frasco ámbar con tapón. (El HPO_3 lentamente cambia a H_3PO_4, pero si éste es almacenado en el refrigerador, la solución se conserva perfectamente de 7 – 10 días).

1.7 Solución ácido metafosfórico – ácido acético – ácido sulfúrico (H_2SO_4).
Proceda como en la preparación anterior, excepto que se debe emplear una solución 0.3 N de H_2SO_4 en lugar del agua.

1.8 Solución estándar de ácido ascórbico (1 mg / mL).
Pesar exactamente 50 mg de ácido ascórbico (CAS – 50- 81-7) el cual ha sido almacenado en un desecador lejos de la luz directa del sol. Transferirlo a un matraz volumétrico de 50 mL y aforarlo con la solución HPO_3 – CH_3COOH. Es importante que la solución estándar se prepare inmediatamente antes de su uso.

2.- ÁLCALIS
2.1 Hidróxido de amonio NH_4OH (1:1 y 1:50)
1:1: mezclar un volumen de NH_4OH con un volumen de agua destilada.
1:50: agregar 50 volúmenes de agua destilada por cada volumen de NH_4OH.

2.2 Hidróxido de sodio (NaOH) al 50 %
Pesar 50 g de hidróxido de sodio y adicionar 50 g de agua destilada, mezclar hasta disolución.

2.3 Hidróxido de sodio al 1.25% (p/v)
Pesar 1.25 g de NaOH y aforar a 100 mL con agua destilada.

2.4 Hidróxido de Sodio NaOH 0.1 N (valorado)
1. Pesar rápidamente 5 g de NaOH y disolver en 300 mL de agua destilada.
2. Calentar y adicionar solución caliente de cloruro de bario (2-3 g de $BaCl_2$ en 25-30 mL de agua destilada).
3. Dejar enfriar y filtrar (separar los carbonatos).
4. Diluir el filtrado a 1 L con agua destilada.
5. Valorar con una solución de HCl ó H_2SO_4 0.1N con 2 gotas de anaranjado de metilo.

2.5 Hidróxido de potasio (KOH), 2M
Pesar 94.2 g de KOH (solo si es 100% puro) y aforar a 1 L con agua destilada.

2.6 Hidróxido de potasio 10%, 20% y 60% (p/p)
1.- Pesar 10 g de KOH y adicionar 90 mL de agua destilada (10%).
2.- Pesar 20 g de KOH y adicionar 80 mL de agua destilada (20%).
3.- Pesar 60 g de KOH y adicionar 40 mL de agua destilada (60%).

3.- SALES
3.1 Oxalato de amonio $(NH4)_2C_2O_4$ solución saturada
Para preparar la solución saturada (a 4.2%), se pesan 4.2 g de $(NH4)_2C_2O_4$ anhidro y aforar a 100 mL con agua destilada.

3.2 Acetato de zinc a 12% (p/v)
Pesar 12 g de acetato de zinc y aforar a 100 mL con agua destilada.

3.3 Ferrocianuro de potasio a 6%
Pesar 6 g de ferrocianuro de potasio y aforar a 100 mL con agua destilada.

3.4 Solución de cloruro de bario $(BaCl_2.2H_2O)$ a 1% (p/v)
Pesar 1 g de $BaCl_2.2H_2O$ y aforar a 100 mL con agua destilada.

4.- INDICADORES

4.1 Rojo de metilo (a 1% en metanol)
Pesar 1 gramo del indicador y aforar a 100 mL con metanol.

4.2 Azul de metileno en agua a 0.2%
Pesar 0.2 g del colorante y aforar a 100 mL con agua destilada.

4.3 Azul de metileno en agua a 0.05%
Pesar 0.05 g del colorante y aforar a 100 mL con agua destilada

4.4 Solución de índigo carmín a 0.05%
Pesar 0.05 g del colorante y aforar a 100 mL con agua destilada.

4.5 Solución alcohólica de fenolftaleína a 1%
Pesar 1.0 g de fenolftaleína, disolver en 50 mL de alcohol etílico y aforar a 100 mL con agua destilada.

4.6 Solución de violeta de metilo (cloruro o acetato de rosanilina) a 0.12%
Pesar 0.12 g del indicador y aforar a 100 mL con alcohol absoluto.

4.7 Indicador (pH) de azul de timol (0.04%)
1. Disolver 0.1 g de indicador y mezclarlo en un mortero de ágata con 10.75 mL de una solución 0.02N de hidróxido de sodio (NaOH).
2. Diluir a 250 mL con agua. Rango de transición: 1.2 (ROJO) – 2.8 (AMARILLO).

4.8 Almidón a 1% para uso rápido
Pesar 1 g de almidón y aforar a 100 mL de agua destilada hirviendo.

4.9 Solución de almidón
1. Pesar 2 g de almidón y mezclar en un mortero con 0.01 g de yoduro de mercurio (I_2Hg).
2. Agregar agua destilada hasta formar una pasta que se diluirá con 30 mL de agua destilada.

3. Verter poco a poco en 1 L de agua destilada caliente a ebullición por 3 a 4 minutos.
4. Enfriar a temperatura ambiente.
5. Decantar la solución cuando ésta se separe en fases y conservar en frascos de vidrio.

4.10 Indicador Wesslow

Mezclar dos partes de rojo de metilo a 0.2% disuelto en una mezcla de alcohol etílico – agua destilada (6:4), con una parte de azul de metileno a 0.2% en agua destilada.

4.11 Solución de Tashiro

1. Pesar 40 g de ácido bórico y aforar a 1L con agua destilada.
2. Adicionar 5 mL de solución alcohólica de rojo de metilo-verde de bromocresol (Pesar 0.5 g rojo de metilo más 1.0 g de verde de bromocresol y aforar a 100 mL con alcohol etílico).

5.- SOLUCIONES VALORADORAS

5.1 Permanganato de potasio (KMnO$_4$) 0.1N

1. Pesar aproximadamente de 3.2 a 3.3 g de permanganato puro.
2. Disolver en 1 L de agua destilada, contenida en un matraz de un litro y medio o mayor.
3. Calentar la solución hasta que hierva y mantenerla así durante 15 a 20 minutos, evitando que la ebullición sea muy brusca (La solución también puede calentarse sin que se llegue al punto de ebullición, durante 1 h).
4. Enfriar y filtrar en lana de vidrio muy fina, en asbesto purificado o en un filtro de vidrio. El filtrado se recibe en un matraz (el cual ha sido previamente lavado con mezcla crómica y después con agua destilada) para posteriormente poner la solución en un frasco de tapón esmerilado ámbar oscuro (éste también lavado perfectamente).

TITULACIÓN DE LA SOLUCIÓN DE KMnO₄ CON OXALATO DE SODIO, (Na₂C₂O₄)

1. Pesar con exactitud de 0.2 a 0.3 g de oxalato de sodio, el cual ha sido previamente secado a 100 – 110°C y colocarlo en un matraz Erlenmeyer de 250 – 300 mL.
2. Disolver en agua (50 – 70 mL) y agregar de 15 a 20 mL de ácido sulfúrico diluido (1:8 v/v).
3. Calentar la solución a 70°C.
4. Titular con agitación dejando caer la solución de permanganato lentamente hasta la aparición de un color rosa permanente.
5. Calcular la normalidad de la solución de permanganato teniendo en cuenta el peso equivalente del oxalato (67 g), así como la cantidad que se pesó de esta sal para titular y el volumen de solución de permanganato requerida para la titulación.

5.2 Solución de Fehling A (CuSO₄) y B (Tartrato de sodio y potasio)

A) Solución de sulfato de cobre

Disolver 34.639 g de sulfato de cobre pentahidratado (CuSO₄.5H₂O) y aforar a 500 mL con agua destilada.

B) Solución alcalina de tartrato

Disolver 173 g de tartrato de sodio y potasio tetra hidratado (sales de Rochelle, KNaC₄O₆.4H₂O) y 50 g de hidróxido de sodio (NaOH) en un matraz aforado de 500 mL, aforar con agua destilada. Dejar reposar la solución durante dos días.

ESTANDARIZACIÓN DE LA SOLUCIÓN DE FEHLING

1. Tomar con exactitud 5 mL de cada una de las soluciones de Fehling (A y B) con 5 mL de agua destilada.
2. Calentar a 70°C y adicionar 1 mL. del indicador de azul de metileno

Valorar en ebullición con la solución patrón de glucosa o la solución de azúcar invertido, hasta decoloración del indicador y obtener un ligero precipitado color rojizo.

El tiempo total para hacer la titulación no debe exceder de 3 minutos (2 minutos para agregar la casi totalidad de la solución de azúcar invertido y el indicador y 1 minutos más para concluir la titulación).

Hacer dos determinaciones y los volúmenes de solución de azúcar invertido gastados no debe diferir en más de 0.1 mL.

5.3 Tiosulfato de sodio ($Na_2S_2O_3.5H_2O$) 0.02M

a) Pesar 4.97 g de $Na_2S_2O_3.5H_2O$ y aforar a 1 L de agua destilada hervida (para liberarla de gas carbónico y que la solución se conserve por mayor tiempo), además se debe agregar 0.1 g /L de carbonato de sodio anhidro (Na_2CO_3) como conservador. Almacenar la solución en frasco ámbar.

TITULACIÓN DE TIOSULFATO DE SODIO ($NA_2S_2O_3.5H_2O$) 0.02M

1. Pesar exactamente 40 mg de K_2Cr2O_7 y colocar en un matraz de yodo con tapón.
2. Disolver en 80 mL de agua libre de cloro. Agregar 0.4 g de KI y 0.4 g de bicarbonato de sodio.
3. Adicionar, mezclando, 1 mL de HCl concentrado e inmediatamente colocar en la oscuridad durante 10 minutos.
4. Titular con la solución de Tiosulfato previamente preparada y cuando la mayor porción de yodo ha sido consumida (color verdoso), adicionar 1 mL del indicador de almidón.
5. El final de la titulación lo indica la desaparición del color azul.

Molaridad = g de K_2Cr2O_7 x 1000 / mL de $Na_2S_2O_3.5H_2O$ x 49.032

5.4 Solución de azúcar invertido en agua.

Disolver 9.5 g de sacarosa y aforar a 1L con agua destilada (Un mililitro de esta solución equivale a 0.01 g de azúcares reductores).

5.5 Solución estándar de Indofenol.

1. Disolver 50 mg de 2, 6 – dicloroindofenol (sal sódica), el cual ha sido almacenada en un desecador sobre soda lime, en 50 mL de agua, a la cual previamente se la ha adicionado 42 mg de bicarbonato de sodio ($NaHCO_3$).
2. Agitar vigorosamente, y cuando el pigmento se disuelva, diluir a 200 mL con agua.
3. Filtrar a través de un papel filtro a un frasco ámbar con tapón. Mantenerlo herméticamente cerrado, lejos de los rayos del sol y en el refrigerador. La descomposición del producto pudiera llevar a distintos puntos finales en la titulación.

4. Para probar la calidad del indofenol (sea en polvo o en solución), se le adiciona 5 mL de la solución de extracción la cual contiene un exceso de ácido ascórbico a 15 mL del reactivo (indofenol coloreado). Si la solución reducida está prácticamente sin color, descartarla, y preparar una nueva solución. Si el reactivo seco es el que falla, obtener un frasco nuevo.

5. Transferir tres alícuotas de 2.0 mL de la solución estándar de ácido ascórbico a tres matraces Erlenmeyer de 50 mL que contengan también 5.0 mL de solución de HPO3 –CH3COOH, (1:1).

6. Titularlos rápidamente con la solución de indofenol desde una bureta de 50 mL hasta que a contraluz persista un color rosa púrpura pálido (más de 5 segundos, aproximadamente).

Nota:

Cada titulación debe requerir al menos 15 mL de solución de indofenol y las titulaciones entre sí deben variar 0.1 mL.

Similarmente titular tres blancos compuestos de 7.0 mL de solución de HPO3 – CH3COOH, (1:1), más un volumen de agua igual al volumen de solución de indofenol utilizado en las titulaciones directas. Después de restar el promedio del blanco (usualmente 0.1 mL) a las titulaciones del estándar, calcular y expresar la concentración de la solución de indofenol como mg de ácido ascórbico equivalente a 1.0 mL de reactivo. Estandarizar la solución de indofenol diariamente con solución estándar fresca de ácido ascórbico.

6.- CATALIZADORES

6.1 Catalizador proteínas para método micro Kjeldahl

Pesar 970 mg. de K_2SO_4 cristalino, 15 mg. de $CuSO_4.5H_2O$ y 15 mg. de selenio en granalla en papel glassine.

7.- BUFFER

7.1 Buffer Fosfato pH 6

Disolver 1.4 g de Fosfato de sodio dibásico anhidro (Na_2HPO_4) y 8.4 g de Fosfato de sodio monobásico monohidratado (NaH_2PO_4) en aproximadamente 700 mL de agua destilada. Terminar de aforar. Ajustar pH con NaOH o H_2PO_3 (5.9 – 6.1).

APÉNDICE B

LIMPIEZA DEL MATERIAL DE CRISTALERÍA

Método general de limpieza

Durante el trabajo del laboratorio frecuentemente resultan materiales y equipo sucios, para que su limpieza sea más fácil, se recomienda que esta operación se realice lo más pronto posible. En estas circunstancias por lo general se requiere de un lavado con detergente común de laboratorio y abundante agua, enjuagando enseguida con agua destilada para posteriormente escurrirlo en forma adecuada.

Cuando el material después de lavado no queda lo suficientemente limpio se recomienda dejarlo en jabón cuando menos por una hora, si es posible se talla de manera adecuada, se enjuaga con agua corriente, posteriormente con agua destilada y finalmente se deja escurrir.

Las pipetas, buretas y goteros pueden lavarse con agua jabonosa y agua corriente. Las marcas opacas del material después de su manipulación pueden eliminarse aplicando alcohol de 96° o alcohol diluido hasta 50 %.

Técnica de limpieza química de las pipetas:

1. Lavar con agua y jabón.
2. Colocarlas en un recipiente de polipropileno.
3. Cubrir perfectamente con la solución limpiadora.
4. Dejar actuar.
5. Enjuagar y secar.

Técnica de limpieza química de las buretas:

1. Lavar con agua y jabón.
2. Sujetar la bureta a un soporte universal con ayuda de las pinzas para bureta.
3. Estando cerrada la bureta llenarla de solución limpiadora y dejar actuar enjuagar y secar.

Método especial de limpieza

Si el material permanece sucio u opaco después del lavado general, se recomienda utilizar un método de limpieza especial de acuerdo a las características específicas de los residuos, seguido del método tradicional de limpieza.

a) Residuos superficiales

Las grasas y el aceite se pueden quitar utilizando agua de jabón caliente y agitación. Cuando existe gran cantidad de grasa puede ser conveniente utilizar aserrín o alguna solución desengrasante, se enjuaga con agua, después con una solución de ácido clorhídrico y finalmente con agua destilada.

La potasa alcohólica, o la sosa alcohólica, se utilizan para eliminar residuos de grasas entre ellas la grasa de silicón que se emplea como un lubricante de llaves de bureta. El material se sumerge en la potasa tibia de 10 a 15 minutos, después se enjuaga con agua corriente y destilada, por último se seca.

b) Residuos difíciles

1. Si se conoce el origen del residuo se simplifica la elección del material o las soluciones de limpieza.

2. Para eliminar residuos difíciles, se puede utilizar una solución de fosfato trisódico mezclada con piedra pómez en polvo, o se puede emplear algún disolvente orgánico como el metanol, el ácido acético, la acetona, el éter, el cloroformo o los ácidos y los álcalis fuertes.

3. Las manchas de vidrio se puede limpiar con un poco de solución saturada de sulfato ferroso con ácido sulfúrico diluido. La mezcla crómica se utiliza como limpiador universal, por su poder oxidante se emplea para eliminar materia orgánica e inorgánica que permanece adherida al material de vidrio.

4. El material de vidrio empleado en la determinación de calcio, después de lavado con agua jabonosa, deberá dejarse remojando por 12 horas en una solución de suavizantes catiónicos, posteriormente enjuagarse perfectamente con agua corriente.

5. En caso de riesgo por contaminación microbiana, el material se debe esterilizar, después se lava con agua y jabón, se puede emplear posteriormente una solución de carbonato de potasio. Si permanecen opacos los materiales de vidrio se pasan por agua acidulada con ácido clorhídrico.

6. Finalmente, todo el material se debe enjuagar con agua destilada y escurrir o secar con un lienzo limpio.

Preparación de soluciones químicas para limpieza

Mezcla Crómica

> Pesar 4 o 5 g de Dicromato de sodio o de potasio, grado técnico.
> Disolver en la menor cantidad de agua (más o menos 5 mL).
> Adicionar con mucho cuidado 100 mL de ácido sulfúrico concentrado.

Potasa alcohólica

> Pesar 20 g de Hidróxido de Potasio (KOH).
> Aforar a 100 mL con alcohol etílico de 96°.

Sosa alcohólica

> Pesar 12 g de Hidroxido de Sodio (NaOH)
> Aforar a 100 mL, con alcohol etílico de 96°.

Principios básicos de bromatología para estudiantes de nutrición

APÉNDICE C

TABLA DE EQUIVALENCIAS

Medidas de Longitud

1 kilómetro (Km)	1000 metros		
1 metro (m)	10 decímetros (dm)	100 centímetros (cm)	1000 milímetros (mm)
1 Angstrom (Å)	10^{-8} cm		
1 nanómetro (nm)	10^{-9} m		
1 milla	1609.35 metros	1760 yardas	
1 pie	0.3048 metros	12 pulgadas	
1 pulgada (pulg)	2.54 centímetros		

Medidas de Peso

1 Kilogramo (Kg)	1000 gramos		
1 gramo (g)	1000 miligramos (mg)	1 000 000 microgramos (µg) ó Partes por millón (ppm)	1 000 000 000 nanogramos (ng)
1 libra	453.6 g		
1 onza	28.35 g		

Medidas de Volumen

1 litro (L)	1 decímetro cúbico (dm³)	1000 mililitros (mL) ó centímetros cúbicos cm³
1 metro cúbico (m³)	1000 dm³	1 000 000 cm³
1 galón (gL)	3.785 L	

Medidas de Superficie

1 metro cuadrado (m²)	100 dm²	10 000 cm²	1 000 000 mm²
1 hectárea (ha)	10 000 m²		

Medidas de temperatura

Grados Celsius (°C) y Grados Fahrenheit (°F)

0 °C (Celsius) = 32 ° Fahrenheit

Conversión de °C a °F

°F= 9/5 x (°C + 32)

Conversión de °F a °C

°C = 5/9 x (°F - 32)

Principios básicos de bromatología para estudiantes de nutrición

Agradecimientos

Gracias a la Doctora en Ciencias Alma Hortensia Martínez Preciado por su colaboración y revisión de algunos de los capítulos de este libro.